国家重点基础研究发展计划“973”计划项目资助
低品质煤大规模提质利用的基础研究(2012CB214900)项目资助
国家自然基金青年科学基金项目资助
炼焦煤中噻吩类有机硫对微波的响应规律研究(51404012)项目资助
“十三五”江苏省重点出版规划

炼焦煤中有机硫赋存及噻吩硫对微波的响应规律

葛 涛 著

中国矿业大学出版社

图书在版编目(CIP)数据

炼焦煤中有机硫赋存及噻吩硫对微波的响应规律/葛涛著. —徐州：中国矿业大学出版社，2017.6

ISBN 978-7-5646-3156-7

Ⅰ. ①炼… Ⅱ. ①葛… Ⅲ. ①焦煤—有机硫化合物—研究②焦煤—噻吩—硫化物—研究 Ⅳ. ①TQ52

中国版本图书馆 CIP 数据核字(2016)第 146646 号

书　　名　炼焦煤中有机硫赋存及噻吩硫对微波的响应规律

著　　者　葛　涛

责任编辑　褚建萍

出版发行　中国矿业大学出版社有限责任公司

(江苏省徐州市解放南路　邮编 221008)

营销热线　(0516)83885307　83884995

出版服务　(0516)83885767　83884920

网　　址　http://www.cumtp.com　**E-mail**:cumtpvip@cumtp.com

印　　刷　江苏淮阴新华印刷厂

开　　本　787×1092　1/16　**印张** 8.5　**字数** 215 千字

版次印次　2017 年 6 月第 1 版　2017 年 6 月第 1 次印刷

定　　价　34.00 元

序

在煤炭资源中人们最关注的是炼焦煤，因为炼焦煤是冶金、铸造及化工等部门的重要原料，煤的焦化又是煤炭综合利用的重要途径。中国炼焦煤储量占全国查明煤炭资源储量的27%左右，去除高灰、高硫、难分选、不能用于炼焦的部分，优质的焦煤和肥煤属稀缺煤类，分别占查明煤炭资源储量的比例仅为6%和3%。

我国煤炭含硫量普遍偏高，减少煤中硫的危害是煤炭加工利用过程中必须解决的问题。在炼焦时煤中硫分约有60%～70%转入焦炭，而用高硫焦炭炼铁时，会使生铁产生热脆性。一般情况下，焦炭的硫分每增加0.1%，高炉生产能力降低2%～2.5%。在我国，高硫煤中有机硫约占整个硫含量的30%～50%，有的甚至超过70%。随着煤级的增高，稳定性最强的噻吩类化合物越来越富集。

目前，针对煤中有机硫的脱除还没有非常成熟的技术，如何有效脱除炼焦煤中有机硫，尤其是最稳定的噻吩类有机硫是亟待解决的问题。微波场具有独特的加热方式、微波化学催化作用及非热效应，微波辐射具有内外同时加热的特性。用微波辐射的方法不仅能脱硫，还能避免煤的特性变异。如果能够实现煤炭微波脱硫、稀缺煤资源二次开发等关键技术突破，每年可多回收炼焦精煤约3 000万t。

该书作者近年来在煤中噻吩硫对微波的响应规律研究方面做了大量扎实的基础工作，在煤中主要元素的禀赋特征、煤中有机硫的赋存状态、煤中噻吩硫结构的介电特性、量子化学在煤中噻吩硫结构参数中的应用等方面做了大量卓有成效的工作，并有新的发现和新的观点。

本书是作者多年的研究成果，理论与实验相结合，立题新颖，内容丰富，数据准确，论据充分。相信该书的出版对推动微波脱硫技术的进步、降低硫在炼焦煤利用过程中的危害、节约我国稀缺炼焦煤资源等方面具有很好的学术意义和实用价值。

安徽理工大学　教授　博士生导师

2017年3月

前　言

优质的焦煤和肥煤属于稀缺煤种，硫的存在严重制约了炼焦煤的加工和利用。煤中30%以上的硫赋存是难以脱除的有机硫，而噻吩硫是烟煤中有机硫的主要组分，且结构最稳定，噻吩硫的脱除是煤脱硫的难点。微波具有穿透性和选择性加热的特点，且无温度梯度，在脱硫的同时，可以避免煤的特性变异，微波脱硫技术具有良好的应用前景。

本书选择山西高硫炼焦煤，认知煤中有机含硫组分的禀赋特征和微观化学结构，遴选与煤中含硫结构相匹配的系列噻吩类模型化合物，研究煤与模型化合物的介频、介温谱图，掌握煤及含硫组分对微波的吸收转化特征。运用多种现代分析测试手段，结合量子化学理论，研究微波作用下噻吩类模型化合物中含硫分子属性、构象及能量变化，探索微波加快反应速率、改变反应路径机理中是否存在非热效应，解析噻吩类含硫结构对微波的响应规律。为揭示微波脱硫机理、优化脱硫工艺提供理论支持，对推动微波脱硫技术进步、降低硫在炼焦煤利用过程中的危害具有重要意义。

本书是作者多年来在煤炭脱硫领域悉心研究的成果，以作者博士论文主要研究工作和近年来发表的学术论文为主要内容整理而成。主要内容如下：第1章为绪论；第2章为炼焦煤中有机硫赋存特征；第3章炼焦煤结构及含硫大分子结构模型构建；第4章炼焦煤及噻吩硫模型化合物介电性质；第5章炼焦煤及噻吩硫模型化合物对微波的响应；第6章为总结与展望。

本书的研究工作得到了国家重点基础研究发展计划“973”计划项目(2012CB214900)、国家自然基金青年科学基金项目(51404012)和安徽省高校省级自然科学研究重点项目(KJ2013A089)的资助，在此一并表示衷心感谢！同时，作者还要衷心感谢导师张明旭教授、闵凡飞教授给予的指导和帮助以及同事、朋友在研究工作中给予的关心与支持！

由于作者水平有限，书中难免有不足之处，恳请各位专家、学者和读者批评指正。

葛　涛

2017年2月

目　录

1 绪 论

煤炭占中国各种化石燃料资源总储量的95%左右。中国是世界上最大的煤炭生产国与消费国,2015年,中国原煤产量超过36亿t,虽然近两年煤炭消耗量略有下降,但从中长期发展趋势看,我国煤炭需求量仍将保持适度增加。我国煤炭含硫量普遍偏高,减少煤中硫的危害是煤炭加工利用过程中必须解决的问题[1]。

炼焦煤是冶金、铸造及化工等部门的重要原料[2],煤的焦化又是煤炭综合利用的重要途径,因此,炼焦煤是最受关注的煤炭资源。中国炼焦煤储量占全国查明煤炭资源储量的27%左右,去除高灰、高硫、难分选、不能用于炼焦的部分,优质的焦煤和肥煤属稀缺煤类,分别占查明煤炭资源储量的比例仅为6%和3%[3]。脱除高硫煤中硫是节约我国稀缺炼焦煤资源、提高炼焦煤综合利用水平的重要手段。

我国高硫煤中,难以脱除的有机硫约占全硫含量的30%~50%,有的甚至超过70%[4]。煤中有机硫主要包括脂肪族、芳香族、噻吩类化合物,稳定性依次增强[5]。随着煤级的增高,噻吩类化合物越来越富集,烟煤中有机硫以不同芳构化程度的噻吩结构为主[6]。在炼焦时煤中硫分约有60%~70%转入焦炭[7],焦炭中的硫会使生铁产生热脆性。一般情况下,焦炭的硫分每增加0.1%,高炉生产能力降低2%~2.5%。因此,如何有效脱除炼焦煤中有机硫,尤其是最稳定的噻吩硫是亟待解决的问题。

1.1 煤中有机含硫结构研究现状

1.1.1 煤中有机硫结构研究方法

煤中硫的赋存状态分为有机硫和无机硫,无机硫包括黄铁矿硫及硫酸盐硫,煤中硫以黄铁矿硫和有机硫为主。煤中是否存在元素硫,目前还有争议。相对于无机硫,煤中有机硫的形态和结构具有多样性和复杂性。至今为止,还没有能够直接精确测定煤中有机硫存在形态的定量方法,近似定量分析煤中结构有机硫的方法主要有三种。

(1) X射线光电子能谱法(XPS)

X射线光电子能谱法(XPS)作为近年来出现的最有效的元素分析方法之一,对材料表面化学特性具有高度识别能力[8],且不会破坏样品的结构,既可用于分析样品中存在的元素,也可直接检测这些元素的存在形式。XPS能对H、He以外的所有元素进行测试,且各元素之间影响很小。在煤的表面结构研究中已被广泛采用,是研究煤中硫、碳、氮、氧等元素存在形态的有效手段[9-11]。

XPS光电子发射机理见图1-1,当一束特定能量的射线辐照样品时,在样品表面发生光电效应,就会产生与被测元素内层电子能级有关的具有特征能量的光电子,对这些光电子的能量分布进行分析，便得到光电子能谱图[12]。XPS测定得到的特征键能的微小位移可以用来确定元素的氧化状态或官能团。

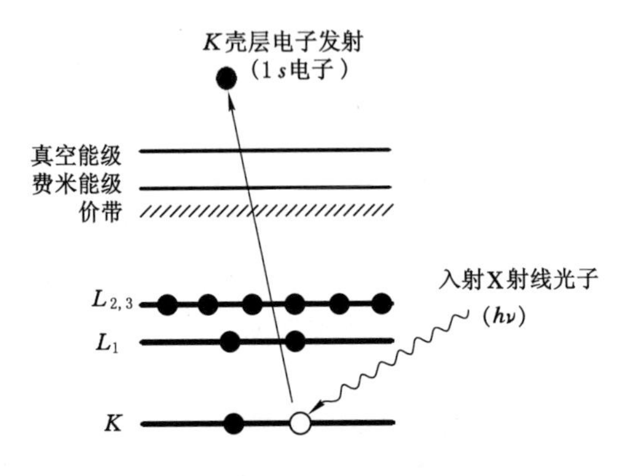

图 1-1　XPS光电子发射机理

（2）热解硫光化学法

20世纪末，一种新的火焰硫光化学检测器(SCD)问世。由于它的高灵敏度、高选择性和大的线性范围，正在逐步取代原来的气相色谱结合火焰光度检测器。SCD检测是基于硫的分子特征光谱，用于硫的微量测定。煤样在高温条件下，不同形态的硫在加热管中发生裂解，煤中有机硫在还原气氛下，裂解并生成 H_2S，气态 H_2S 在更高温度下被氧化成中间过渡态 SO，在真空抽吸下进入有臭氧存在的反应箱，生成激发态 SO_2^*，激发态 SO_2^* 产生的特征荧光与磷光(300～400 nm)讯号经光电倍增管接收放大，达到定量与定性判定的目的[13]。

（3）X射线吸收近边结构分析(XANES)

XANES是由低能光电子在配位原子做多次散射后，再回到吸收原子与出射波发生干涉形成的，反映吸收边附近约50 eV范围内的精细结构及原子几何配置，其特点是强振荡，散射效应(见图1-2)[14]。XANES提供的是小范围内原子簇结构信息，它的测试适用范围广。XANES已经被成功地应用于地球化学样品中硫形态的表征，如分析土壤[15]、腐殖质[16]、水系沉积物[17]、石油[18]、煤炭[19,20]等样品中硫的形态。

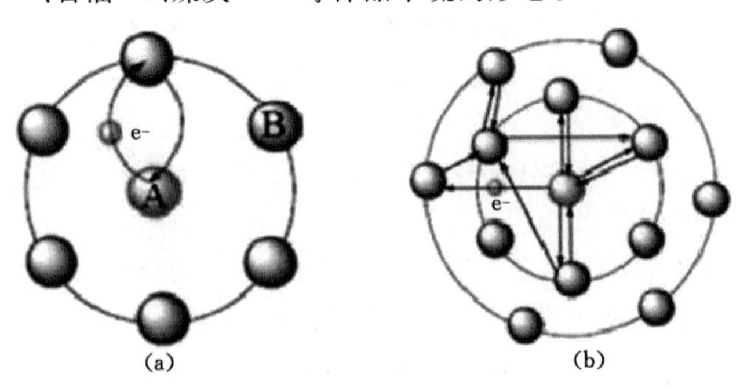

图 1-2　XANES散射效应

(a) 单散射；(b) 多重散射

1.1.2 煤中有机硫赋存与分布

深入研究煤中有机硫的赋存形式及分布特征，能为脱除煤中的有机硫提供可靠的理论依据和煤成因等方面的信息。程胜高等在研究高硫煤中有机硫赋存状态时提出，高硫煤中有机硫占全硫的34%～40%，在高硫商品煤中，有机硫占有率占全硫的48%～50%[21]。胡军等对中国26个省的290个煤样中有机硫的质量分数进行了分析，认为煤中有机硫占全硫含量大于50%时，煤中硫主要是以噻吩硫为主[22]。高有机硫煤主要分布在湖南、贵州、云南等南方诸省，山西、陕西等地也有一定的储量。罗陨飞等人提出煤中硫含量与煤阶有一定关系，低阶煤中硫含量较低，中高阶煤中硫含量较高，其中气肥煤中硫的平均含量最高，其次为贫煤、肥煤、瘦煤和焦煤，这几种煤中高硫煤的比例均占到40%以上[23]。

国内外研究者认为煤中有机硫存在于煤的大分子中，结构特殊，赋存状态主要可分为硫醇或羟基化物、硫醚或硫化物、噻吩类杂环硫化物[24]。张篷洲等研究了中国9种煤中有机硫的存在形态，并根据Lnidberg等人所做的模型化合物，获知有机硫在煤中的赋存包括硫醇、硫醚、双硫醚、硫杂环、硫桥和取代基上的硫等[25]。陈鹏研究兖州煤时发现，稳定组含有大量的硫砜、硫醚类含硫化合物，噻吩型硫次之，镜质组中硫砜、硫醚与脂肪族硫化物含量相当；惰质组中噻吩型硫与硫醚和硫醇型硫各占有机硫的一半[26]。Miura K.等人的研究结果显示煤中的有机硫赋存形式主要有3种，分别为硫醇、硫醚和噻吩[27]。孙成功等人对煤中有机硫的形态结构进行了系统研究，结果表明，煤中有机硫形态在褐煤中主要以脂肪族、芳香族硫化物为主，在烟煤中则主要以不同芳构化程度的噻吩结构为主[28]。Gryglewicz G.研究烟煤发现，有机硫以联苯硫化物、噻吩、苯并噻吩、二苯并噻吩、苯并萘并噻吩以及它们的C1—C4烷基取代物为主[29]。刘桂建等人对淮北低硫煤中有机硫结构的分析中提出，有机硫主要以二苯并噻吩及其甲基取代物，苯并萘并噻吩及其甲基、二甲基取代物为主[30]。Kirimura K.则筛选萘并噻吩、苯并噻吩、苄基甲基硫醚以及它们的衍生物作为模型化合物研究煤中有机硫结构[31]。张明旭等人对山西高硫炼焦煤中有机含硫结构分析结果显示，有机硫主要形态为硫醇(醚)、(亚)砜、噻吩，且不同煤样中每一类有机硫形态含量有变化[32]。

1.1.3 煤中噻吩硫研究现状

为探索成熟的煤中有机硫脱除技术，多年来，许多学者对煤中有机硫的形成机理、赋存状态、分布特征进行了大量研究。有机硫在煤中的几类存在形式中，以噻吩硫在煤热解中最难脱除[33,34]。苯并噻吩以及二苯并噻吩等含硫杂环多环芳烃在环境中较难被降解，并且比多环芳烃以及含氮杂环化合物更具有致癌性[35]。高硫炼焦煤样通过硝酸酸洗和微波辐照处理后，发现有机硫中硫醚硫醇类硫脱除效果最好，亚砜类次之，噻吩类硫脱除效果最差[36]。从1994年至今，文献共报道了60余种有机硫化物，其中40余种含噻吩结构，这与噻吩结构的稳定性是密切相关的。要完成真正意义上的脱硫，达到煤或石油产品的无硫洁净，必须首先解决温和条件下噻吩系含硫化合物的脱除问题[37]。

Mieczyslaw K.[38]利用XPS对Mequinenza和Illinois No.6两种煤样的表征结果显示，由于成煤方式不同，硫在Mequinenza煤中以硫化物硫为主，在Illinois No.6煤中以噻吩类为主。李凡、邢孟文对原煤中噻吩硫的抽提进行了研究，发现原煤中可抽提噻吩硫的量随着碳含量的增加呈现逐渐减低的趋势;随着挥发分产率和 O/C 物质的量比的升高,煤中可抽提噻吩硫的含量增加;煤中可抽提噻吩硫总量不取决于煤中全硫含量,只与煤变质程度有关[39]。Li W. W. 等人研究高硫煤时发现随着煤中碳含量的增加,芳香族硫含量增加而脂肪族硫含量减少,表明噻吩硫和硫醇类有机硫的丰度可能与煤级有关[40]。

正丙醇通过萃取,不仅可以有效地脱除低沸点的硫醇和硫醚有机物,还可以脱除较难处理的噻唑和噻吩。其机理可能是在正丙醇溶液的作用下,有机硫中的一个苯环发生断裂,或发生羟基化,或噻吩环中硫原子被氧化,生成水溶性噻吩衍生物;利用正丙醇的醇羟基键能够破坏煤样中有机硫结构,从而达到脱硫的目的[41,42]。Xie K. C. 等人采用密度泛函理论研究了煤热解过程中噻吩环结构转化为链状结构的能量路径[43]。Ling L. X. 等人利用量子化学对煤中噻吩型有机硫的热解过程进行计算和模拟,认为噻吩中的 C—S 键是体系中的弱键,在热解时会优先发生断裂,是热解的引发键,增加热解过程中氢自由基的含量,有利于噻吩硫以 H_2S 的形式逸出,提高噻吩硫的脱除率[44]。

噻吩硫是煤中最稳定且含量占 40%以上的主要有机硫成分,在不破坏炼焦煤性质的情况下有效脱除噻吩硫,对煤进行最低程度的温和转化,目前还没有成熟的技术和成果。

1.2 煤中有机硫脱除研究现状

1.2.1 煤中有机硫脱除方法与技术

煤炭脱硫技术根据煤的利用过程大致可分为三类:燃前脱硫、燃中脱硫及燃后脱硫。燃中脱硫及燃后脱硫属于被动控制方法,燃前脱硫属于主动控制方法。从科学合理利用资源考虑,应当在煤炭燃烧前尽可能脱除其硫分,避免给燃烧和炼焦等后续环节造成恶劣影响,燃前脱硫通常分为物理、化学及微生物法三大类。

(1) 物理法

物理脱硫法是依据煤颗粒与含硫化合物的密度、磁性、导电性、悬浮性差异除去煤中无机硫的方法,目前已有成熟工艺和设备。物理法工艺简单,投资少,操作成本低,不会改变煤的化学结构和性质,但只能脱除煤中无机硫,不能脱除煤中有机硫。物理法包括常用的重介质法、跳汰法、浮选法及不断成熟中的高梯度强磁分离煤脱硫技术[45]、静电选煤脱硫法、选择性絮凝脱硫法等。

(2) 化学法

煤的化学脱硫方法主要是利用化学试剂,通过一系列化学反应将煤中的硫转化为易抽取的硫化物,从煤中分离出来以实现脱硫目的。根据所用化学试剂种类和反应的原理不同,化学脱硫法可分为:碱处理法、氧化法、溶剂法、热解法、微波处理法、电化学脱硫法。

碱法脱硫是用碱液作浸出剂,将煤中硫铁矿和有机硫转化成硫化物和亚硫酸盐的形式,从而使其从煤中有效地分离出去,可分为 MCL 法、F-L 法、微波加热 MCL 法、稀碱溶液浸提脱硫法[46]。MCL 法能够脱除煤中无机硫和有机硫,脱硫率可达 80%~90%,但对煤质影响很大。F-L 法操作步骤简单,能耗少,成本低,且脱硫效果比 MCL 法好。微波加热 MCL 法具有快速、选择性加工的优点,可在短时间内脱除煤中大部分硫,但碱用量太大,一般碱煤比大于5。稀碱溶液浸提脱硫法对无机硫的脱硫率一般达70%～90%，但脱硫后会对煤的质量产生不利影响，使煤脱硫后完全失去黏结性和膨胀性。

氧化法是利用氧化剂与煤在高温高压条件下发生反应，将煤中硫转化为可溶于酸或水的物质[47]。所用氧化剂通常有高锰酸钾、氯气及双氧水等。具体有四种方法，即LOL(ledgement oxygen leaching)法、催化氧化脱硫法、PTC(pittsburgh technology center)法和Ames法。这四种方法的原理大致相同，无机硫脱除反应方程式如下：

$$2FeS_2+7O_2+2H_2O \longrightarrow 2FeSO_4+2H_2SO_4 \tag{1-1}$$

$$4FeSO_4+O_2+2H_2SO_4 \longrightarrow 2Fe_2(SO_4)_3+2H_2O \tag{1-2}$$

$$Fe_2(SO_4)_3+3H_2O \longrightarrow Fe_2O_3+3H_2SO_4 \tag{1-3}$$

有机硫被氧化的方程式为：

$$2R—S—R'+3O_2+2H_2O \longrightarrow 2R+2R'+2H_2SO_4 \tag{1-4}$$

溶剂法是在惰性气体氛围中，将煤和有机溶剂按照一定的比例混合，进行加热、加压处理，利用相似相溶原理，将煤中的硫抽提出来。常用的溶剂萃取脱硫法有熔融碱法(MCL)、有机溶剂抽提法[48]和超临界流体萃取法[49]。熔融碱法是基于苛性碱在熔融状态下与煤中含硫官能团发生反应，使其转变成可溶的盐进入熔碱中，经水洗和酸洗后，得到低硫、低灰的洁净煤。有机溶剂抽提法中比较成熟的是全氯乙烯脱硫工艺，它是利用全氯乙烯萃取煤中的有机硫，而硫铁矿和其他矿物质则利用重力浮沉除去。超临界流体萃取法是近年出现的新方法，在给定的溶剂中，各种有机化合物的溶解度随温度和压力的变化而变化，这种差异可在超临界状态下选择性地脱除某些含硫的有机化合物，达到脱除煤中有机硫的目的。

热解脱硫法指煤在惰性、还原性和氧化性三种气氛中，以不同的加速度或者最终温度，将煤进行热处理，使煤中不同形态的硫发生不同的动力学反应，在气、液、固三相产物中以不同形态和含量进行分配，从而达到脱硫目的的方法，其中，氧化性气氛下效果最突出[50,51]。有机硫中脂肪硫醇、硫醚和连在芳香环上的二硫醚较容易热解脱除，一般在500 ℃以下即可分解。与苯环相连的芳香类硫较难脱除，在热力学上，芳香硫醚、硫醇、环硫醚在高温下分解是可行的，但所需温度很高，而惰性气氛下噻吩类硫的分解是不可实现的。这些难分解的有机硫除了与热解后期生成的氢气发生少量反应以硫化氢的形式脱除外，大部分残留在热解半焦和焦油中。

煤作为一种非同质混合物，其中硫化物的复介电常数虚部一般大于煤的复介电常数虚部，因而当硫化物被加热到反应温度时，煤质并没有明显发热，从而能够脱除煤中硫化物，这是微波脱硫的机理。微波脱硫分为微波直接脱硫、微波预处理磁选脱硫、微波化学脱硫等技术。其中，微波化学脱硫又包括酸洗处理、碱处理、氧化处理、萃取处理等方法。微波直接辐射可脱除煤中30%～40%的无机硫和低于10%的有机硫；微波预处理磁选脱硫与生物脱硫相结合，可通过激励煤中黄铁矿向磁黄铁矿转化及改进生物浸出动力学来提高脱硫效果；微波化学脱硫可脱除全部的无机硫和大部分有机硫，脱硫率在75%以上[52]。使用微波技术脱硫具有以下优点：微波加热为穿透性加热，加热速度快[53]；选择性加热，只对吸收微波的物料(介质体)有加热效应，且能透入物料内部深层，无温度梯度[54]；环境热损耗低，高效节能，无污染，加热过程操作简便，适宜自动控制，环境温度低[55]。

电化学脱硫是借助煤在电解槽阳极发生的电化学反应，将煤中硫氧化成可溶性的硫化物,从而达到净化煤的目的。电化学法脱硫属于预脱硫技术,具有以下优点:从源头上杜绝硫进入大气,避免了含硫烟气处理;不产生废水废渣,避免二次污染;工艺流程简单,便于操作;成本低廉,同时联产氢气[56]。从目前国内外煤炭电化学脱硫的技术发展状况看,该技术尚处于试验开发阶段,或仅用于小规模的精煤生产中。

(3) 微生物法

在常压、低于100 ℃的温和条件下,利用微生物代谢过程中的氧化—还原反应脱除煤中硫的方法叫做煤的微生物脱硫法,煤的微生物脱硫效果取决于微生物对其生长环境中的硫或含硫化合物的代谢能力[57]。微生物脱硫的原理是利用微生物酶切断煤中有机含硫结构碳硫键,生成的含硫化合物与煤可以进行有效分离。利用微生物脱除煤中硫主要有三种工艺,包括微生物浸出脱硫[58]、表面处理浮选脱硫[59]和微生物—絮凝法脱硫[60]。与物理法、化学法相比,微生物法具有反应条件温和、不产生二次污染、可与现有的物理选煤过程相结合、煤基本无损耗、对煤本身性质不破坏等优点[61,62]。但也存在一些不足:细菌生长慢、生长繁殖时间长、菌量低;现有菌种单一;微生物脱除有机硫的机理尚不清楚,脱除效果不稳定;大块煤中微生物脱硫还没有实现;微生物对煤物化性质有影响等,尚未实现微生物脱硫的大规模应用。

综合分析煤中硫的各种脱除方法,可见,物理法不能脱除有机硫。碱处理法、氧化法均能取得较好的脱硫效果,但反应条件较为苛刻,反应环境和化学试剂对煤质均有较大的破坏,不适于炼焦煤中有机硫的脱除。溶剂萃取脱硫对煤中有机质的破坏程度相对较轻,但操作条件要求较高,需要在高温高压下进行,大规模生产较为困难。热解对煤中有机硫的脱除效果不明显。电化学脱硫虽然对煤中硫具有特殊的处理能力,但目前仍处在工业化的前期研究阶段[63]。微生物脱硫也是处于试验和半工业化阶段,尚没有大规模应用。微波以其独特的选择性、穿透性加热方式,在最大程度保护煤质特性的同时,取得了较理想的脱除有机硫的效果,随着微波脱硫设备的研发和改进,微波脱硫在煤炭脱硫方面具有巨大的应用潜力和广阔的市场前景。

1.2.2 煤中有机硫对微波的响应与脱除

微波加热技术是一种新型的材料合成技术,与传统加热方式相比,微波辐照所产生的高效率的热效应加剧了分子的运动,加快了分子的碰撞频率,对大多数化学反应有促进作用,通常表现为加快反应速率以及提高产率[64,65]。近年来,微波应用范围已扩展至工业、农业、医学、家电等领域,同时也逐步进入煤炭行业[66-70]。Adam D. 指出:微波加热已经渗透到许多不同的化学研究领域,并且将在未来为化学家研究化学反应带来革命性的变化[71]。

1978年,Zavitsanos和Bleiler获得了第一项微波脱硫的专利[72];Kirkbride在微波脱硫的反应体系中同时引入H_2参与反应,最终产生的气体为未反应的H_2、H_2S、NH_3和水蒸气,从而达到脱硫的目的[73]。Zavitsanos将碱与原煤混合后再进行微波辐射脱硫,研究表明,当煤的粒径在75～150 μm时,微波照射后经水洗,大约有97%的黄铁矿硫和有机硫被脱除[74]。Hayashi发现,当煤和熔融的KOH、NaOH混合后经微波辐射,煤中硫的脱除速度显著提高[75]。Rowson和Rice将煤粉用强碱溶液浸润后,再在惰性气体中用微波辐照脱硫,大多数煤经两次照射后即可脱去70%以上的硫[76]。Ferrando将原煤先用HI溶液浸渍，通入 H_2后用微波照射，发现微波强化脱硫速度更快，同时还避免了原煤因局部过热造成的损失[77]。

2000 年以后，国内外对微波脱硫尤其是脱除煤中有机硫的研究不断取得新进展，从微波与其他辅助手段的联合应用、微波辐照前后煤中含硫结构变化、微波因素对脱硫效果的影响、煤样的结构与性质等几个方面探索提高微波脱硫率的试验方法和条件。

Jorjani E.，Chehreh S. C. 等在微波辐射的条件下利用过氧乙酸浸泡的方法使有机硫的脱除率达到了 40%，通过对数据参数进行多元回归，得到了预测微波联合过氧乙酸脱硫效果的模型，并进行了微波处理制取超洁净煤的方法[78,79]。在生物浸矿中，用微波做外加辐射源，矿物选用硫化矿，微波在提升生物浸矿效果的同时，还使硫化矿中的硫含量下降[80]。Waanders F. B. 等将硫质量分数为 3.6%的南非煤样与 NaOH 混合，在 650 W 的微波下照射 10 min 后，硫含量有将近 40%的降低[81]。陶秀祥等人认为碱性助剂只有在熔融的条件下才有较好的脱硫效果，有机助剂中，四氢萘和四氯乙烯有一定的脱硫效果[82]。

吉登高、许宁等人对微波脱硫前后煤质特性、化学机构进行了研究，结果显示，微波脱硫后，煤中的绿泥石、白铁矿等矿物晶体消失，转变成为金刚砂、磁铁矿等矿物晶体[83]，含硫基团中噻吩类硫和巯基类硫含量降低，亚硫酰基类硫和硫酸盐类含量增加，煤中含硫基团向硫的氧化态转化[84]，微波在脱除硫分的同时对煤炭本身的性质无显著影响[85]。

程刚、王向东等研究了煤粉粒径、煤浆浓度、初始 pH 值、微波辐照时间、脱硫周期等因素对微波预处理和微生物联合脱硫效果的影响，结果表明微波技术应用于微生物法煤炭脱硫可以大大缩短微生物脱硫周期[86]。谢克昌、米杰、魏蕊娣用微波联合超声波对山西煤、云南煤、北京煤、兖州煤考察了氧化剂配比、微波辐照时间、超声波联合微波等条件对煤中有机硫脱除效果的影响，发现微波是脱除煤中硫的一种有效方法，且不同氧化剂配比有不同的脱有机硫效果，随着微波辐照时间的延长，有机硫脱除率增加，按照先超声波后微波的顺序有机硫的脱除效果更好[87]。

罗道成、陶秀祥、李志峰、李洪彪等人在加入 NaOH 浸提剂的条件下，采用单因素法，从微波辐照时间、功率、煤炭粒度、浸提剂浓度和液固比等方面，考察了不同因素对煤炭微波脱硫效果的影响，并优化出各因素最佳的取值范围[88-90]。程钰间基于在较低输入功率下有效开展煤炭微波脱硫试验的要求，优化设计了一种包括宽带微波源、宽带微波传输系统和频率可重构反应腔的微波脱硫装置[91]。

Li X. C.，Nie B. S. 等在不同频率处研究温度对阳泉煤介电性质的影响，发现煤样复介电常数也随温度升高而降低[92]。张明旭等人为获取高硫煤在不同条件下的电磁特性，测定了山西高硫炼焦煤及有机含硫模型化合物的复介电常数，并考察了密度、粒度、矿物质等因素对复介电常数的影响规律[93,94]。Peng Z.，Huang J. Y. 在氩气保护的热解过程中，采用 915 MHz 和 2 450 MHz 频率对西弗吉尼亚煤样复介电常数进行测定，研究表明在 500 ℃以下，复介电常数保持常数，随着温度升高，介电损失增大，热解过程有助于煤炭吸收微波能量[95]。Fan Y. 等人通过建模仿真研究电磁波在煤中的传播及衰减特性，建立二维和三维的随机任意模型，模拟计算电磁波在煤中的传播常数和传输系数[96]。

1.2.3 微波的热效应和非热效应

微波辅助化学反应快速高效、绿色环保是不争的事实[97-100]，但是微波促进反应的机理究竟是热效应还是非热效应一直存在争议，争议的焦点是非热效应是否存在[101,102]。

所谓微波热效应是指被介质吸收微波能并将其转化为热能的现象，表现为微波能在材料中的总损耗。非热效应是指当介质经微波辐射后，产生的不归属于温度变化的系统响应[103]。微波的热效应已经毋庸置疑，而非热效应问题越来越引起人们的关注。热效应和非热效应针对不同的反应体系如生物体系和化学反应体系有着不同的含义[104]。对化学反应体系而言，微波的热效应是指通过选择性加热极性物质，引起反应体系迅速升温形成宏观或微观上的热点，从而加速了反应。非热效应提出微波场对极性分子有定向排列作用，稳定了极性反应过渡态，降低了活化能，促使反应速度加快[105]。

Loupy 等人利用同步升温法，通过三苯基膦和氯苄在无溶剂条件下合成离子溶液[PPh_4]Cl 的试验提出微波非热效应的确存在[106]。Kappe 等人对上述试验提出了疑问，认为该试验的测温系统不够准确，并通过同步升温对比试验做出了不能确定存在或不存在非热效应的结论[107-109]。Stuerga 等学者也反对微波非热效应的存在，认为微波光量子能量不足以破坏任何化学键，因为只有在大约 10^{-7} V/m 的电场强度作用下才能够改变化学反应的平衡，而在室温下，对分子产生明显的取向作用大约需要 10^{-5} V/m 的强电场才能实现，因此微波能不可能引起作用物质的自组织化行为[110,111]。支持 Kappe 和 Stuerga 观点的学者通过大量的科学试验，经过与传统加热仔细对比研究，也认为没有微波非热效应存在[112-114]。而黄卡玛等人提出虽然微波光量子能量很低，但它作用的对象并不是一个已经完全生成的化学键，而是一个旧键断裂、新键生成的过程。在这个过程中，有些化学键被大大削弱，它们很容易随着振动的加剧而断裂，因此，微波光子有可能会对它产生作用[104]。

近十几年来，随着微波在化学化工、生物、医学、材料等研究领域的广泛应用，纯粹利用微波热效应无法解释的现象越来越多，关于热效应和非热效应关系的研究越来越深入。左春英等人在研究微波与生物体相互作用时，明确提出热效应和非热效应同时存在，且非热效应是主要作用[115]。唐伟强等人在探讨硫化胶微波脱硫机理时，发现硫化胶温度较低时，交联网络遭到的破坏主要来自微波的非热效应作用[116]。翟华嶂在研究微波非热效应诱发的陶瓷材料中物质各向异性扩散时认为，这种扩散的各向异性是由入射波的方向性电场在微波加热过程中叠加在示踪离子的化学势上导致的。通过微波交变电磁场的共振耦合作用，使带电微粒的迁移加快，并具有一定的方向性[117]。杨晓庆在不同微波功率下对多种电解质水溶液中的反射系数进行了测量，结果显示溶液中的反射系数与微波功率有关，并且此变化大小与电导率存在一定关系。排除热效应导致此现象发生的可能，微波作用电解质溶液中的确存在非热效应[118]。包肖婧等人在进行大麻脱胶过程中发现，微波辐照法比水浴加热脱胶效果好，说明微波辐照除了与水浴加热相同的热效应外，还存在着非热效应，且非热效应的存在有利于提高大麻的脱胶效果，非热效应与加热时间和加热温度有关[119]。Branhardt E. K. 、赵晶等人发现很多在低温条件下不能发生的化学反应，在相同温度条件，微波辅助却可以进行，例如在微波低温加热还原含碳铬铁矿粉体过程中，验证了微波非热效应具有明显的表现[120,121]。刘金鑫等人在研究微波场中冶金固体废弃物脱硫脱硝效果时，应用莫尔斯振子模型和拉曼谱峰图，从理论计算方面得到了微波作用使样品的莫尔斯势能降低幅度更大的结论，证明了经微波非热效应的存在[122]。

微波在促进有机合成反应中发现了许多微波诱导选择性反应及热力学上不可能发生的

反应,同样无法用热效应加以解释。夏之宁、梁荣辉在微波辅助下合成二苯并二氮杂卓类化合物的研究中,发现微波不仅明显存在提高反应速率和产率的热效应,还存在抑制化学反应的效应,并就此提出这很有可能是微波"非热效应"的另一种表现形式[123]。张召等人在利用微波辅助合成菲并咪唑衍生物的研究中,通过对比试验,验证了微波的非热效应在促进合成反应方面的作用[124]。谷晓昱在微波固化环氧树脂的研究中发现,微波辐射可以降低反应活化能,且降低的程度与它们在传统条件下反应的活化能成正比[125]。F. Ono 在解释微波促进化学反应机理时提出了与谷晓昱相似的观点,认为微波可以同时降低反应的活化能和指前因子,而且对活化能的降低作用大于指前因子,从而导致了反应速率的提高[126]。B. Adnadevic 等人在富勒醇合成反应,J. Jovanovic 等人在甲基丙烯酸甲酯的聚合反应中都证明了 F. Ono 的观点[127]。

通过以上分析,可见微波改变化学反应进程的机理是复杂的,非热效应使微波化学更具特色,但是合理设计试验方案,精确测量和控制温度,特别是微波作用下温度空间分布的精细测量是解决非热效应是否存在争议的必要手段和有力证据,微波与化学反应的相互作用,特别是电磁场与非平衡系统的相互作用需要深入研究。

1.2.4 煤结构与反应性的量子化学研究

1927 年,Heitler 和 Londo 用量子力学原理研究氢分子的结构,量子化学由此诞生并发展为一门独立的学科[128]。量子化学作为理论化学的一个分支学科,是应用物理学和量子力学的原理和方法在分子和电子水平,研究化学体系结构和化学反应性能的一门基础科学[129]。煤化学和煤结构问题的本质,从静态看主要是结构与性能的关系;从动态看主要是分子间的相互作用和反应。把量子化学计算方法应用于煤分子结构的研究,可以对煤结构与反应性的认知深入到微观水平,拓展了煤结构的理论,逐渐形成了一个新的研究方向。

量子力学基于一个分子的能量和其他性质,根本问题就是求解分子体系的薛定谔方程[130]。

$$\hat{H}\psi = E\psi \tag{1-5}$$

式中,$\hat{H}$ 称为 Hamilton 算符,是对应于体系的能量的偏微分算符;E 为分子的总能量,包括电子运动动能、原子核与原子核静电排斥能、核与电子静电吸引能、电子与电子静电排斥能等;ψ 为描述电子在分子中各原子核外运动状态的数学函数,又称分子波函数。从原则上讲,对薛定谔方程的求解可以获得对分子中电子结构及相互作用的全部描述,但目前从数学角度精确求解薛定谔方程是无法实现的,因此只能采用近似的方法。由于引入不同的近似假定,就产生了相应的量子化学的计算方法。

(1) 量子化学的理论和研究方法

目前量子化学的计算方法主要有自洽场方法(self consistent field,SCF)、密度泛函理论(density functional theory,DFT)、从头计算方法(ab initio)、半经验计算方法(semi-empirical method)、遗传算法(genetic algorithm)、量子化学和分子力学组合方法(QM/MM)等。

自洽场方法中应用最为广泛的是自洽平均场理论(self-consistent field theory,

SCFT)[131]。SCFT 是平均场层次上假设最少并能描述高分子链构型细节的理论。适合研究发生相分离的非均相高分子体系在平衡态的相结构及相图,突出优点是能够考虑链拓扑构型、链序列分布等细节特点[132]。

密度泛函理论是用电子密度取代波函数作为研究的基本量系的理论,即假设原子、分子等系统的基态能量及其所有性质全部用电子密度来确定[133]。密度泛函理论是电子结构理论的经典方法,因为多电子波函数有 $3N$ 个变量(N 为电子数,每个电子包含 3 个空间变量),而电子密度仅是 3 个变量的函数,在概念和应用方面都更方便。密度泛函理论的概念起源于 Thomas-Fermi 模型,在 Hohenberg-Kohn 定理[134]提出之后有了坚实的理论基础。Hohenberg-Kohn 第一定理指出体系的基态能量仅仅是电子密度的泛函,Hohenberg-Kohn 第二定理证明了以基态密度为变量,将体系能量最小化之后就得到了基态能量。密度泛函理论最普遍的应用是通过 Kohn-Sham[135]方法实现的。在 Kohn-Sham DFT 的框架中,最难处理的实体——存在相互作用的 N 电子体系,被简化成了一个没有相互作用的电子在有效势场中运动的问题。所有的密度泛函理论模型都能计算能量、解析梯度和频率,在物理和化学上都有广泛的应用,特别是用来研究分子和凝聚态的性质,是凝聚态物理和计算化学领域最常用的方法之一[136]。

从头计算方法是用自洽场方法求解 Hartree-Fokr-Roothana 方程[137],获取分子体系的轨道波函数和轨道能,以此为基础载体得到体系的其他相关性质。从头计算方法的优点是对分子体系没有特殊的限制,能够对宽范围的系统进行高质量的定量预测,对难以直接测量的体系(如过渡态、自由基等)具有明显优势。但对于煤结构研究中常见的大分子体系,计算量太大而难于使用。

在量子化学计算中存在大量的近似处理,为了修正近似处理带来的误差,通常根据分子体系中的具体条件,引入一些不同的经验参数,这种方法叫做半经验计算方法。半经验计算方法简化了薛定谔方程的求解计算[138],极大地减少了计算工作量,但只有在解决一些力所能及的问题时,其计算的精确度才能说明所研究分子体系的性质。

遗传算法是借鉴自然界生物进化论的规律,优胜劣汰、步步逼近最优解的一种算法,已应用于材料、生物、化学等多种领域,适用于有多种可能反应途径的化学反应的研究[139]。

量子力学和分子力学组合方法的优势在于既包括了量子力学的精确性,又利用了分子力学的高效性,适用于溶液中的化学反应、生物大分子的结构和反应活性之间的关系等方面的研究与应用[140]。

(2) 密度泛函理论在煤结构及反应性研究中的应用

运用量子化学计算方法研究煤的化学结构及其反应特性,能够为利用现代分析测试手段构建煤的局部微观结构模型、掌握煤的特定属性提供可靠的理论基础。邓存宝等人应用量子化学密度泛函理论计算分析了煤表面含硫基团侧链对多氧分子物理吸附机理,认为含 S 基团与多氧分子吸附形成的吸附态中,含 S 侧链中 S 原子的电子向氧原子转移,导致氧分子的 O—O 键被削弱,键长拉伸,并研究了煤中苯硫酚型有机硫与 O_2 的 6 种可能反应路径[141,142]。吴玉花等人使用基于密度泛函理论的量子化学计算方法对煤基富勒烯的几何结构、稳定性、电子结构、介电常数和非线性光学性质进行了研究[143]。庞先勇等人采用密度泛函理论对有机硫模型化合物与氧分子结合的复合物进行了几何构型优化、集聚数分析和振动分析，得到各自的总能量、熵和 Gibbs 自由能等热化学数据及键级、电荷密度、自旋密度等分子性质，为研究煤的脱硫、固硫机理提供参考[144]。

Zeng F. G. 等人对兖州原煤化学结构模型进行能量最小化模拟，结果显示稳定大分子结构的主要能量按大小排序依次为范德华能、键扭转能、键角能与键伸缩能[145]。Shi T. 等人研究了苯环对煤中官能团活性的影响，用苯环连接活性基团模拟了煤中—CHOH 等活性基团的氧化路径[146]。Chen B. 等人利用 ReaxFF MD 方法模拟煤中模型化合物的加氢反应，结果显示加氢反应主要由动力学控制[147]，引发加氢反应的活性部位跟超离域性和位阻效应有关，加氢反应主要发生在芳香的邻位取代基上。Jie Feng 等人通过研究煤显微组分模型的键级结构，分析加氢液化活性的差异，认为煤结构单元化学键的切割活性可以影响液化收率，煤的显微组分平均孔隙大小与液化收率成正比[148]。王宝俊利用量子化学的计算方法对煤中 7 种模型结构及其性质进行了研究，描述了较大的煤模型分子与较小的气体分子之间、溶剂对煤中氢键以及多种可能微观结构的作用结果，建立了通过势能扫描计算高效率搜寻过渡态的方法，确定了煤化学中的几个重要反应的化学动力学机理[149]。

1.3 研究意义及研究内容

1.3.1 研究意义

硫是煤中的主要伴生元素，它的存在严重制约了煤尤其是炼焦煤的利用。本研究依托国家重点基础研究发展计划（973 计划）项目“低品质煤大规模提质利用的基础研究”（2012CB214900），解析煤中噻吩硫的赋存特征及其对微波的响应规律。

探索煤中有机硫的结构、赋存状态一直是煤化学的主要研究内容，也是创新和提高煤中硫脱除方法与技术的理论基础。但目前对煤中结构最稳定的噻吩硫的赋存特征缺乏认知，对煤大分子结构中与噻吩相连或能够对噻吩结构特性构成影响的官能团的种类、原子组成和缔结形式的研究均不够深入。

煤中有机硫的脱除还没有非常成熟的技术，微波场具有独特的加热方式及微波化学催化作用[150,151]，微波辐射具有内外同时加热的特性，且十分迅速，不会引起煤基体的过热分解。用微波辐射的方法不仅能脱硫，还能避免煤的特性变异。国内外学者经过大量的理论和试验研究证明微波脱除煤中有机硫是可行的，微波对煤中最稳定的噻吩硫脱除的研究将大大丰富微波脱硫理论并拓展其应用前景。

由于受到研究条件和技术手段等因素的制约，目前对煤中含硫组分及含硫大分子结构在微波辐照下的响应特征缺乏相关的研究和表征方法。在分析和推断脱硫反应机理时，对由微波的热效应还是非热效应引发脱硫反应的认识上存在分歧，量子化学与现代分析测试手段的结合可以为煤中噻吩结构对微波的响应机理提供思路并加以验证。研究使用的微波绝大多数是 2 450 MHz 频率的连续波，对其他微波频段和使用脉冲微波调控脱硫的研究几乎是空白。

因此，在认知炼焦煤中有机含硫组分化学赋存的基础上，构建煤的含硫大分子结构模型，筛选符合煤中噻吩硫结构特征的模型化合物，研究有机硫含硫键对微波的响应机制。为建立煤微波脱硫的系统理论、提高微波脱硫率及高硫煤的提质利用提供科学基础，对推动微波脱硫技术的进步，降低硫在炼焦煤利用过程中的危害，节约我国炼焦煤资源，具有很好的学术意义和实用价值。

1.3.2 研究内容

基于以上分析，以高硫炼焦煤为研究对象，开展以下研究内容。

(1) 炼焦煤中有机硫结构及赋存状态

选择山西高硫炼焦煤样，掌握煤样煤质特性，认知煤中有机硫类型及其分布特征。研究炼焦煤结构，构建煤的含硫大分子结构模型，筛选与煤样匹配的含有不同类型基团的噻吩硫模型化合物。

(2) 煤及噻吩硫模型化合物介电性质

测定煤在不同微波频段的复介电参数，判断煤中有机硫组分对微波的吸收频率。研究噻吩硫模型化合物的介频和介温特性，掌握噻吩硫结构的吸波性能，认知模型化合物结构与其介电性质之间的关系。

(3) 煤及噻吩硫模型化合物对微波的响应

研究微波辐照前后煤中有机硫结构及含量变化，考察微波对煤中噻吩硫的作用。分析噻吩硫模型化合物在微波作用下的谱学特征，通过比较研究，认知微波非热效应是否存在。模拟计算外加电场对模型化合物结构参数的影响，探索微波脱除煤中噻吩硫的可行性。

2 炼焦煤中有机硫赋存特征

2.1 试验用煤样的制备及性质

2.1.1 煤样制备

基于课题拟订的方案，研究选取山西新峪、新阳及新柳三个矿区的原煤和精煤作为试验用煤。按照 GB 475—2008《商品煤样人工采取方法》和 GB 474—2008《煤样的制备方法》进行采样和制样，密封保存。根据各测试设备和测试条件对于煤样的具体要求，制备方法详见各章节。

2.1.2 煤质分析

(1) 工业分析及元素分析

根据 GB/T 212—2008《煤的工业分析方法》制备工业分析样品，利用 WS—G410 全自动工业分析仪分别在 105 ℃、815 ℃和 920 ℃测定煤样水分、灰分和挥发分。取粒度小于 0.2 mm 的空气干燥煤样进行元素分析，通过 Elementar Vario EL cube 元素分析仪在 950 ℃测定样品中的 C、H、N 含量，样品中 S 的含量采用 SDS 601 微机库仑定硫仪进行测定，用差减法计算煤中 O 的含量。原煤煤样的工业分析、元素分析数据如表 2-1 所示。

表 2-1　山西原煤工业分析和元素分析

煤样	工业分析				元素分析					H/C	O/C	FC_d/V_d
	M_{ad}/%	A_{ad}/%	V_{ad}/%	FC_{ad}/%	C_{daf}/%	H_{daf}/%	N_{daf}/%	S_{daf}/%	O_{daf}/%			
新峪	1.28	22.35	20.94	55.43	85.57	4.22	0.98	2.90	6.33	0.59	0.06	2.65
新阳	1.20	16.53	21.95	60.32	86.44	4.51	1.31	3.01	4.73	0.63	0.04	2.75
新柳	1.16	24.88	19.67	54.29	84.47	5.09	1.48	3.13	5.83	0.72	0.05	2.76

(2) $\overline{R^0_{max}}$、显微组分、矿物含量

利用煤中镜质组反射率分布图定性评价煤质是目前公认的最能全面、准确地反映炼焦煤结焦性能的一个新的质量指标。按照中国煤岩学会对不同煤种$\overline{R^0_{max}}$界定范围规定，气煤：0.6～0.8；1/3 焦煤：0.8～0.9；肥煤：0.9～1.2；焦煤：1.2～1.5；瘦煤：1.5～1.7。根据 GB/T 6948—2008《煤的镜质体反射率显微镜测定方法》对煤样进行测定，镜质组随机反射率分布图见图 2-1。

煤的显微组分和矿物含量和$\overline{R^0_{max}}$见表 2-2。

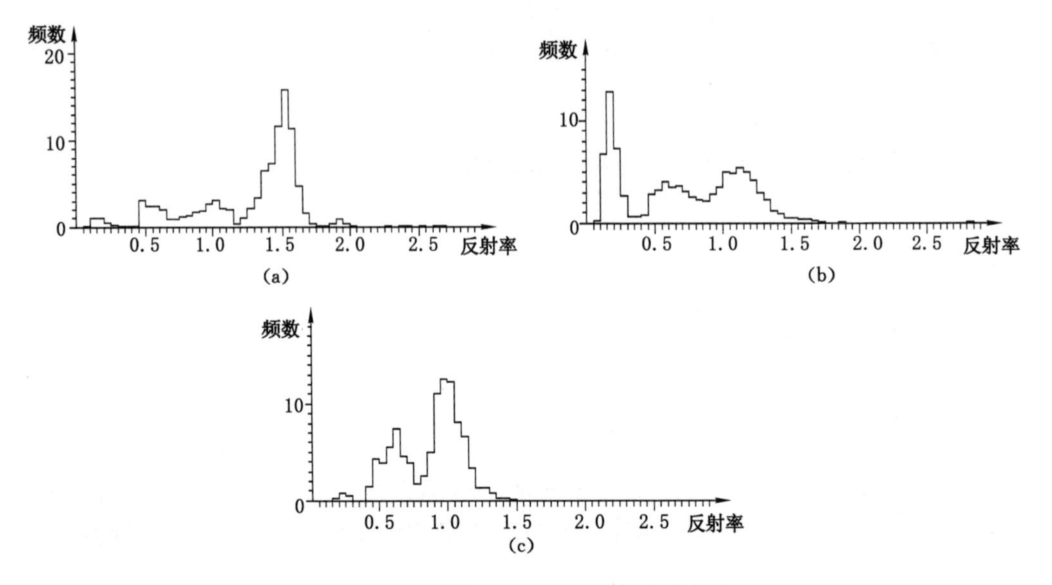

图 2-1 山西原煤镜质组随机反射率分布图

(a) 新峪煤镜质组随机反射率分布图;(b) 新阳煤镜质组随机反射率分布图;

(c) 新柳煤镜质组随机反射率分布图

表 2-2 山西原煤的显微组分、矿物含量和$\overline{R^0_{max}}$

	新峪煤	新阳煤	新柳煤
镜质组(Vt)/%	85.46	77.07	74.40
惰质组(I)/%	8.20	13.84	8.93
壳质组(E)/%	4.04	7.54	5.75
矿物(M)/%	2.31	1.55	10.91
$\overline{R^0_{max}}$/%	1.35	0.87	0.93

(3) 黏结指数

黏结指数是将一定质量的试验煤样和专用无烟煤样在规定的条件下混合,快速加热成焦,所得焦块在一定规格的转鼓内进行强度检验,以焦块的耐磨强度表征煤样的黏结能力。黏结指数是判别煤黏结性和结焦性的关键指标,利用 NJ—Ⅲ黏结指数测定仪,根据 GB/T 5447—2014《烟煤黏结指数测定方法》测定新峪、新阳和新柳煤的黏结指数,结果分别为77.76、69.65 和 65.23,属于强黏结性煤。

(4) 形态硫分布

按照 GB/T 215—2003《煤中各种形态硫的测定方法》测定煤样中无机硫含量,有机硫含量通过计算得到。形态硫分析数据如表 2-3 所示。

中国煤中硫含量分布包括从 0.04%的特低硫到 9.62%的高硫煤,平均含量(算术平均)为 1.40%,根据煤中含硫量的多少,按照《中国煤中硫分等级划分标准》将其划分为:含量≤0.5%的是特低硫煤,0.51%~1.0%的是低硫煤;1.0%~1.5%的是低中硫煤,1.51%~2.0%的是中硫煤;2.01%~3.0%的是中高硫煤,3.0%以上是高硫煤。根据表 2-3 的数据,

表 2-3 山西炼焦原煤硫形态分析

煤样	形态硫				形态硫占总硫比例		
	$S_{t,daf}$/%	$S_{s,daf}$/%	$S_{p,daf}$/%	$S_{o,daf}$/%	S_s/%	S_p/%	S_o/%
新峪	2.90	0.24	0.69	1.97	8.28	23.79	67.93
新阳	3.01	0.26	0.66	2.09	8.64	21.93	69.43
新柳	3.13	0.18	0.84	2.11	0.06	26.84	73.10

三种原煤煤样总硫含量范围为2.90%～3.13%。

基于以上分析，所采煤样煤质分析各项关键指标均属于炼焦煤范畴，新峪煤属于中高硫炼焦煤，新阳和新柳煤为典型的高硫炼焦煤；煤中有机硫含量较高，占总硫比例约为70%，是煤中硫的主要存在形态。

2.2 炼焦煤中有机硫结构的XPS分析

炼焦煤样中以有机硫为硫的主要赋存形式，无机硫含硫量较低，且基本上可以通过分选脱除。为减少煤中无机硫对测试分析结果的干扰，本研究基于煤中硫结构的研究主要针对有机硫，因此，选择炼焦精煤为研究对象。

热解硫光化学法是一种以热解为基础的结构测量方法，该法破坏了煤样结构，对炼焦煤性质的后续测定造成影响。因此，本书对煤中有机硫结构的分析采用近年来应用最广泛的X射线光电子能谱法(XPS)和X射线吸收近边结构法(XANES)。

精煤煤样的工业分析、元素分析、形态硫分析数据见表2-4和表2-5。精煤中有机硫含量占到85%以上。

表 2-4 山西炼焦精煤的工业分析和元素分析

煤样	工业分析				元素分析					H/C	O/C
	M_{ad}/%	A_{ad}/%	V_{ad}/%	FC_{ad}/%	C_{daf}/%	H_{daf}/%	N_{daf}/%	S_{daf}/%	O_{daf}/%		
新峪	1.14	13.26	25.17	60.43	86.75	4.13	0.96	1.89	6.27	0.57	0.05
新阳	1.22	11.51	25.65	61.62	86.94	5.21	1.31	2.01	4.53	0.72	0.04
新柳	1.09	19.20	22.76	56.95	84.34	5.49	1.47	2.55	6.15	0.78	0.05

表 2-5 山西炼焦精煤硫形态分析

煤样	形态硫				形态硫占总硫比例		
	$S_{t,daf}$/%	$S_{s,daf}$/%	$S_{p,daf}$/%	$S_{o,daf}$/%	S_s/%	S_p/%	S_o/%
新峪	1.89	0.07	0.21	1.61	3.70	11.11	85.19
新阳	2.01	0.06	0.15	1.80	2.99	7.46	89.55
新柳	2.55	0.12	0.23	2.20	4.71	9.02	86.27

2.2.1 XPS 测定条件及表征方法

试验在中国科技大学理化分析测试中心完成，XPS 测试仪器是 Thermo ESCALAB 250 型 X 射线光电子能谱仪，X 射线激发源：单色 Al Kα($h\nu$=1 486.6 eV)，功率 150 W，X 射线束斑 500 μm，能量分析器固定透过能为 30 eV，以 C1s(284.6 eV)为定标标准，进行校正。

目前，XPS 图谱的拟合处理有多种方法可以使用，本研究利用 XPS Peak 拟合方法拟合图谱并得到煤中硫的形态信息。拟合步骤如下：打开 XPSPEAK 4.1 软件，引入.txt 文件，出现相应的 XPS 谱图，根据背景线选择硫谱合理的 High BE 和 Low BE 位置。在 Peak Type 处选择 p 峰类型，在 Position 处选择合理的峰位，根据拟合效果调整峰宽。按照硫形态的不同结合能，依次添加峰值，直到峰型拟合完毕。在 Data 中输出分峰个数、峰位置、峰面积、半峰宽等参数，在 Origin 软件中进行处理。

2.2.2 炼焦煤中有机硫的 XPS 谱图解析

新峪、新阳及新柳精煤煤样中硫的 XPS 谱图分别见图 2-2、图 2-3、图 2-4。

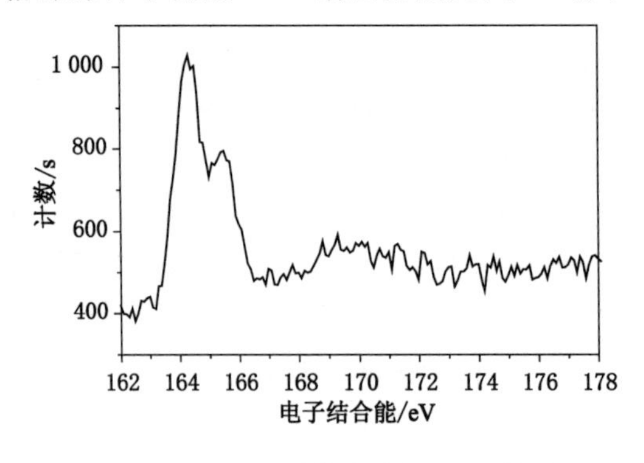

图 2-2 新峪精煤中硫的 XPS 谱图

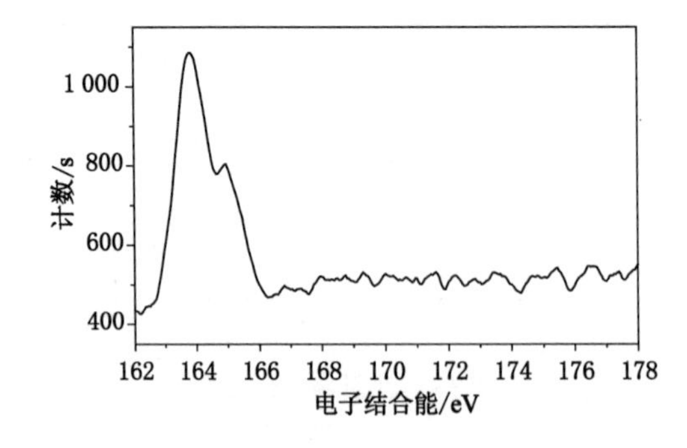

图 2-3 新阳精煤中硫的 XPS 谱图

国内外很多学者利用 XPS 研究煤中有机硫类型，在拟合的方法和峰归属分析中提出了不同的观点。陈鹏在用 XPS 研究兖州煤各显微组分中有机硫存在形态时提出，谱图经最佳拟合后可分出 3～4 个不同能量的峰。其中，162.9 eV 属于硫化物硫、硫醚、硫醇或二硫苯系物的特征峰；164.1～164.4 eV 是噻吩型硫的特征峰；165.6 eV 为硫氧化物的峰；168.8

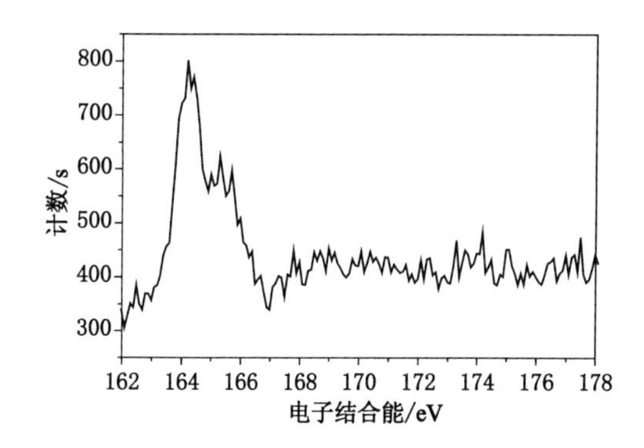

图 2-4 新柳精煤中硫的 XPS 谱图

eV 为硫砜类型的硫；169 eV 以上则为无机硫的特征峰[152]。代世峰等人认为结合能范围在 162.2～163.2 eV 属于硫醇、硫酚型硫的特征峰；164.0～164.4 eV 的范围是噻吩型硫，165.0～168.0 eV 为亚砜、砜型硫，结合能在 169.0 eV 以上的是无机硫[153]。Urban N. R.，Casanovas J. 等人在研究煤中(亚)砜、(亚)硫酸盐时也对 XPS 谱图进行了拟合，认为这两种硫形态对应的电子结合能范围分别是(168.0±0.5)eV、(170.4±0.3)eV[154-155]。常海洲在研究不同还原程度煤显微组分组表面结构时对硫形态的分析结果显示，164.1 eV 对应的是噻吩的特征峰，亚砜的特征峰对应的电子结合能在 166.0 eV[156]。

秦志宏等人通过对 Kozlowski M.、Pietrzak R.、刘艳华、Marinov S. P.、Grzybek T.、Olivella M. A. 等学者关于用 XPS 分析煤中硫形态的研究结果进行总结，提出：158.7～159.6 eV 为硫铁矿硫；161.2～164 eV 为硫醇、硫醚、硫化物硫；164.0～164.4 eV 为噻吩硫；165.0～168.3 eV 为(亚)砜型硫；168.4 eV 以上为其他无机硫[157-163]。

综上分析，在运用 XPS 分析煤中硫形态时，大多被分为四类，即硫醇、硫醚类，噻吩类，砜、亚砜类以及无机硫类，其电子结合能分布范围分别是 162.2～164、164～164.4、165～168、169～171 eV。

本研究只关注煤中有机硫的赋存形态，因此，在用 XPS Peak 4.1 软件拟合时，根据谱图拟合效果及有机硫电子结合能(Binding Energy)分布情况，电子结合能范围选取在 162～167 eV 内。

三个精煤样中有机硫谱图拟合结果见图 2-5、图 2-6、图 2-7，三种煤样均出现了 3 个明

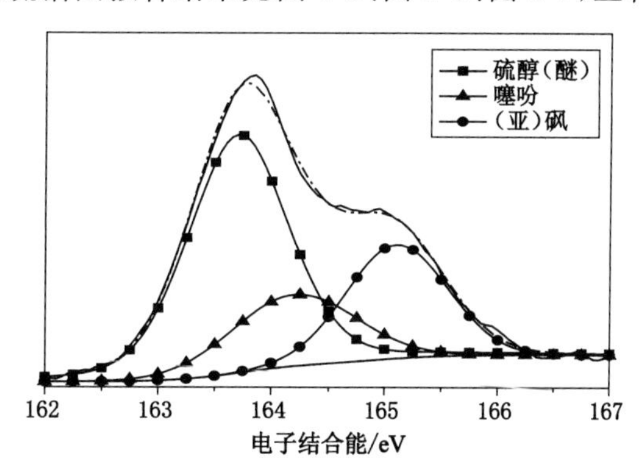

图 2-5 新峪精煤中 S 的 XPS 拟合谱图

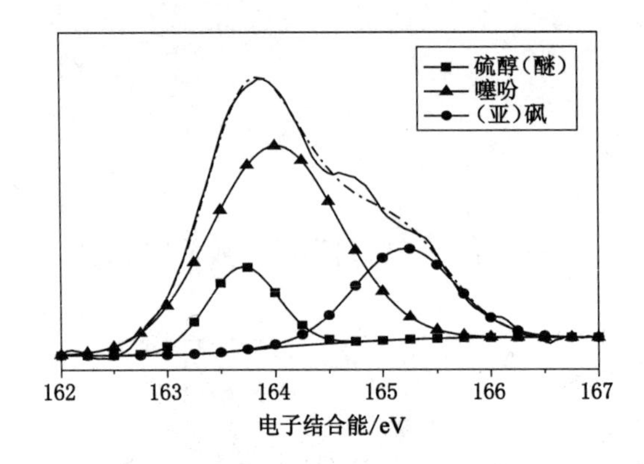

图 2-6　新阳精煤中 S 的 XPS 拟合谱图

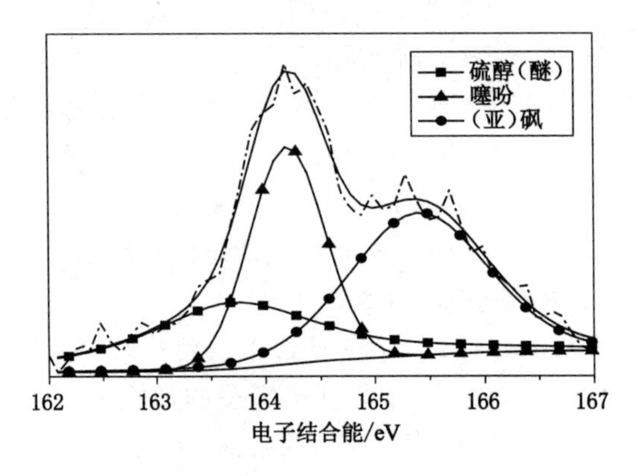

图 2-7　新柳精煤中 S 的 XPS 拟合谱图

显特征峰。根据峰位置对应的电子结合能判断有机硫结构类型，根据峰面积比确定各种有机硫类型的相对含量。精煤中有机硫形态、峰位置电子结合能、半峰宽、峰面积及各类有机硫相对含量见表 2-6。

表 2-6　山西炼焦精煤有机硫形态及分布

煤样	峰位置结合能/eV	有机硫类型	半峰宽	峰面积	相对含量/%
新峪	163.70	硫醇、硫醚	1.20	369	46.24
新阳	163.70		0.83	114	14.34
新柳	163.50		1.56	213	25.77
新峪	164.30	噻吩	1.08	199	24.88
新阳	164.30		1.53	487	61.23
新柳	164.00		0.87	257	31.06
新峪	165.50	砜、亚砜	1.13	230	28.88
新阳	165.40		1.11	194	24.43
新柳	165.00		1.52	357	43.17

根据表 2-6 的数据，煤样中硫的三个拟合峰位置电子结合能分别在 163.70、164.30、165.40 eV 附近，对应的有机硫类型分别是硫醇(醚)、噻吩、(亚)砜类，即硫醇(醚)、噻吩、(亚)砜是山西炼焦精煤样中有机硫的主要赋存形态。其中，新峪精煤中，以硫醇和硫醚为主，达到 46.24%；新柳精煤中，有机硫含量从高到低依次是(亚)砜、噻吩、硫醇(醚)，砜和亚砜占有机硫总量的 43.17%。新阳精煤中，噻吩是有机硫最主要的赋存形式，超过有机硫总量的 60%。

在煤化作用过程中，热力的作用会使大部分硫醚、硫脂、硫醇等官能团产生转化或丢失，同时分子的稠合度也不断提高，向更稳定的结构转化。由于噻吩环具有芳香共轭结构的特殊性，是不稳定的侧链硫形态转化的产物之一，因此，随着煤级的增加，噻吩逐渐成为主要的有机含硫结构。

2.2.3 不同密度级精煤中有机硫结构

密度是煤的重要物理性质，很多分选方法都与密度有关，按密度对矿物进行分离是物理选矿的主要方法之一，认识不同密度级高硫煤的质量状况是对其进行有效分选的前提。密度随煤化程度的变化是煤分子结构变化的宏观表现，基于煤密度特性的差异，探讨硫的结构和赋存形态，研究其化学反应性的差别，有利于煤精细加工新技术的开发。选取新阳精煤中含量最多的 6～13 mm 粒度级的煤粉，空气干燥，煤样按照 GB/T 478—2008 进行浮沉试验，密度分级。所得各密度级产品工业分析数据见表 2-7。

表 2-7　　新阳分密度级精煤工业分析及元素分析

密度级/(kg/L)	工业分析				元素分析				
	M_{ad}/%	A_{ad}/%	V_{ad}/%	FC_{ad}/%	C_{daf}/%	H_{daf}/%	N_{daf}/%	S_{daf}/%	O_{daf}/%
−1.3	1.12	10.06	24.05	64.77	80.02	7.43	1.78	1.99	8.78
1.3～1.4	1.09	14.87	21.67	62.37	75.99	5.71	1.55	1.82	14.93
1.4～1.5	0.98	25.49	19.32	54.21	69.33	4.97	1.16	2.67	21.97
1.5～1.6	0.94	32.03	17.87	49.16	62.02	3.63	0.93	3.06	30.36
1.6～1.8	0.93	44.31	16.11	38.65	53.18	2.89	0.86	3.37	39.70
+1.8	0.85	66.84	10.09	22.22	42.09	2.77	0.67	9.06	45.41

随着密度的增加，煤中灰分含量增加，挥发分和固定碳含量减少；有机碳、元素氢和氮含量也随之减少[164]。由表 2-7 中数据可知，随着煤粉密度的增加，挥发分和固定碳含量逐渐减少，灰分含量逐渐增加。低密度段煤呈现出低灰分、高挥发分、高固定碳的特点，而高密度段煤则呈现出高灰分、低挥发分、低固定碳的特点。由于固定碳来源于煤中有机质，灰分主要由矿物质和少量杂质组成，因此，低密度段煤粉主要以有机质为主，而高密度段煤粉中矿物质含量较高。同时，随着煤粉密度的增加，煤中 C、H、N 含量逐渐减小；O 含量逐渐增加，S 则在最大密度煤粉中含量最高，达到 9.06%，明显高出其他密度段。新阳密度分级的 S 的 XPS 拟合结果见图 2-8，各密度级煤粉中硫形态及其分布见图 2-9。

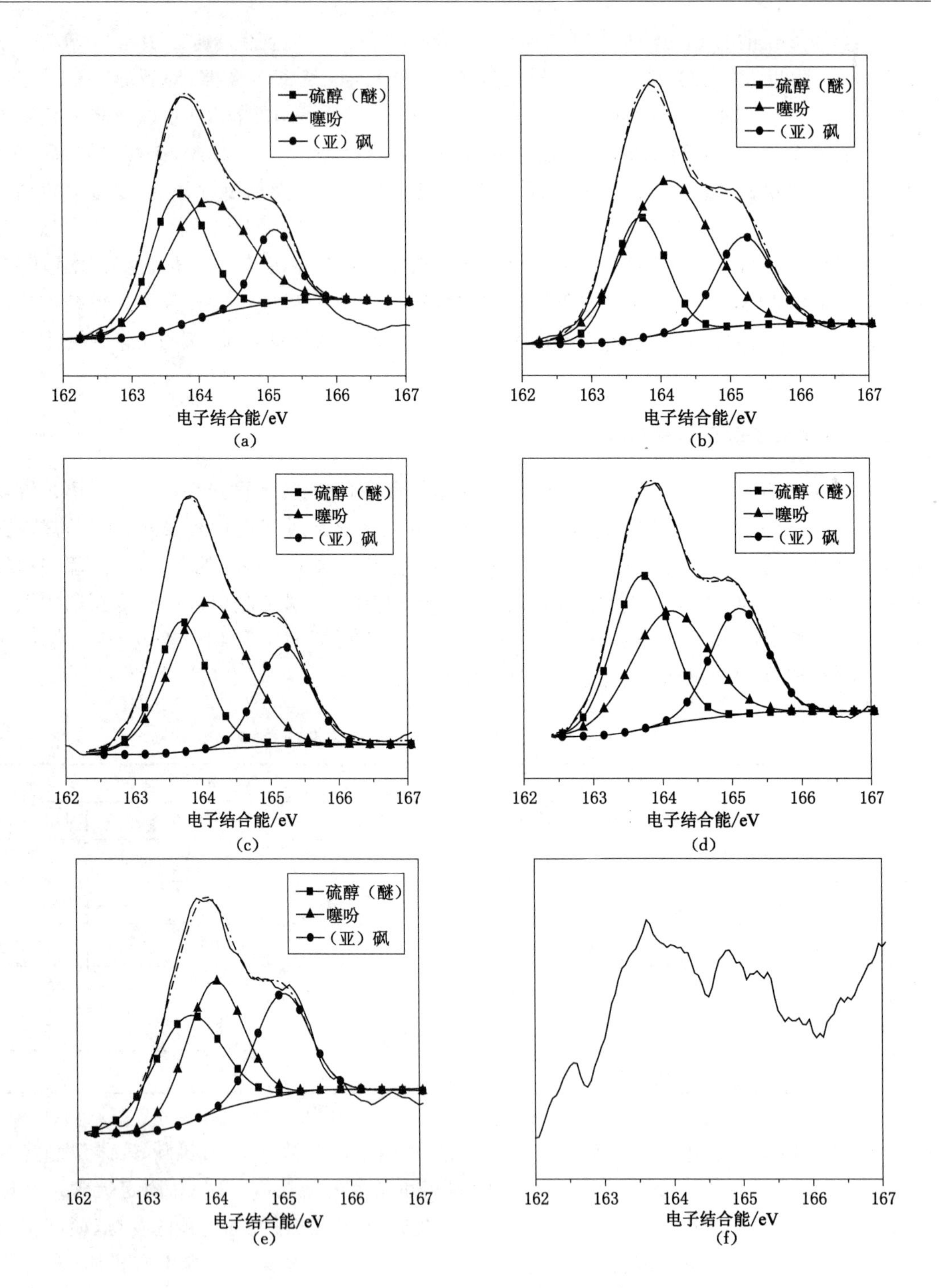

图 2-8　新阳分密度级精煤 S 的 XPS 拟合谱图

(a) −1.3 kg/L;(b) 1.3～1.4 kg/L;(c) 1.4～1.5 kg/L;
(d) 1.5～1.6 kg/L;(e) 1.6～1.8 kg/L;(f) +1.8 kg/L

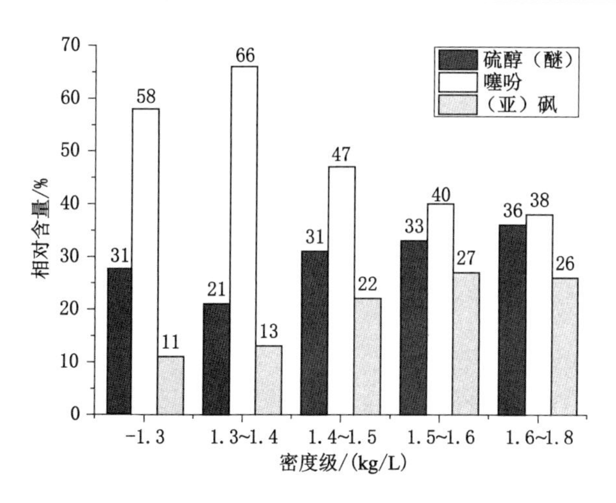

图 2-9 分密度级炼焦煤中硫形态及分布

密度为+1.8 kg/L 的煤粉由于含有大量矿物，干扰太大，无法对 S 的 XPS 谱图进行拟合，因此，没有各种形态硫的分析结果。根据 Pusz S. 的研究，烟煤中含有大量的黄铁矿，而黄铁矿主要分布在高密度段煤中[165]。因此，造成 S 在密度大于 1.8 kg/L 的煤样中含量较高的主要原因，可能是硫化铁在高密度段煤粉中产生了富集。为了验证这一推测，对密度级为+1.8 kg/L 的煤粉进行了形态硫分析，结果见表 2-8。

表 2-8 +1.8 kg/L 煤硫形态分析

煤样	形态硫				形态硫占总硫比例		
	$S_{t,daf}$/%	$S_{s,daf}$/%	$S_{p,daf}$/%	$S_{o,daf}$/%	S_s/%	S_p/%	S_o/%
+1.8	9.06	2.38	5.05	1.63	26.27	55.74	17.99

根据表 2-8 中的数据，密度级大于 1.8 kg/L 的煤中硫形态主要由硫酸盐硫和硫化铁硫构成，且硫化铁硫的含量超过全硫的 50%，这应该是密度级大于 1.8 kg/L 的煤中有机硫拟合失败的原因。

其他密度级煤粉有机硫的 XPS 拟合谱图中，虽然有机硫特征峰对应的电子结合能位置有变化，但峰归属没有改变，有机硫的类型完全一致，都是包含硫醇(醚)、噻吩、(亚)砜三类，且噻吩硫是最主要的分布类型，这与新阳精煤中有机硫的分布特点一致。但是不同密度级煤中三种有机硫类型的含量有明显的变化，如图 2-10 所示，噻吩硫在-1.3 kg/L 和 1.3～1.4 kg/L 两个密度级中的含量较高，随着密度级的增大，三类有机硫含量趋于平均。

通过对山西不同矿区煤样和不同密度级煤样的元素和 XPS 分析，结果显示，煤中硫主要以有机硫的形态存在，有机硫结构包括硫醇(醚)、噻吩、(亚)砜三类，其中，噻吩硫是炼焦精煤中有机硫的最主要赋存形式。

2.3 炼焦煤中含硫结构的 XANES 分析

XANES 对元素的电子结构、氧化态及空间构型非常敏感，可用来定性和定量测定煤或

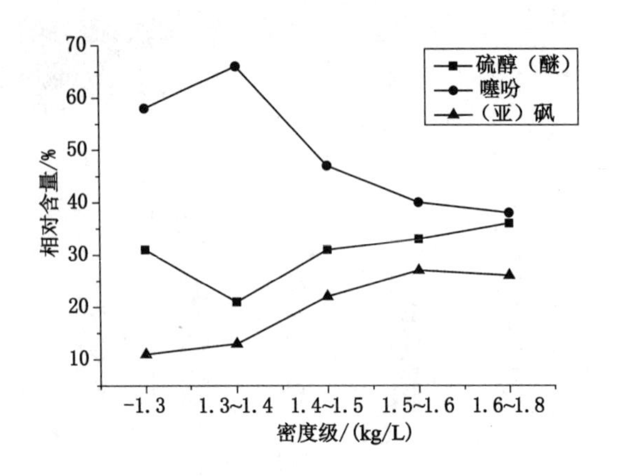

图 2-10　不同密度级中炼焦煤中硫的含量

沉积物中硫的存在形式，近年来逐渐被应用于硫形态的分析[166,167]。陈良进等人利用硫的K边XANES谱从分子水平研究了东海内陆架沉积物中有机硫的形态及相对含量[168]。刘慧君用XANES研究了砚石台高硫煤在热解过程中硫迁移和形态硫变化的规律[169]。洪芬芬利用硫的K边XANES对土壤中的硫形态进行分析[170]。许宁等人采用XANES方法分析微波脱硫前后煤中硫的赋存形态，结果显示，煤中硫主要以噻吩环、巯基、亚硫酰基以及硫酸盐类矿物质的形式存在，微波脱硫后煤中含硫基团向硫的氧化态转化[171]。

煤中硫的K边XANES测定在中国科学院高能物理研究所北京同步辐射4B7A—中能试验站完成。试验站能量为2.5 GeV，能量分辨率$\Delta E/E$为1.4×10^{-4}，电子流强度为80～180 mA。同步辐射光经过Si(111)平面双晶单色器获取所需能量，为降低空气对X射线的吸收，光束室为超高真空环境。为消除不同样品在测量过程中因X光能量差异所引起的吸收峰偏移，X光能量用单质硫(2 472.70 eV)进行定标。模型化合物的试验模式为全电子产额(YEY)模式，煤样含硫量低试验模式为荧光(FY)模式，能量扫描范围为2 420～2 520 eV，数据收集使用具有能量分辨的Si(Li)固体探测器。采用高斯消除和多元回归方法，利用LSFitXAFs软件，基于最小二乘拟合原理，对数据进行拟合解析，结果经Origin 8.5软件处理得到拟合谱图。

选择硫酸锌、硫代硫酸钠、升华硫、二苯并噻吩、黄铁矿、半胱氨酸、谷胱甘肽氧、过硫酸钾、连四硫酸盐、亚硫酸钠、黄胺铁矾、黄钾铁矾、亚砜、二苯砜、硫醇、硫醚、单质硫17种物质作为硫标样，分析新阳精煤中硫的赋存。标准含硫化合物XANES谱吸收边位置见图2-11。

新阳精煤中硫的K边XANES实测线见图2-12，从图中可以看出，拟合线和实测线吻合度不高。原因可以从两方面进行分析，一是标样库选的模型化合物与新阳精煤中含硫结构不匹配；二是模型化合物纯度不够。谱图中出现了三个硫的吸收峰，峰能量分别为2.473 9、2.475 9和2.481 9 keV。跟标样库谱图比对后，选择二苯并噻吩、半胱氨酸、二甲基亚砜、硫酸盐4种标样进行新阳煤中硫K边XANES谱图拟合。新阳煤中含硫基团及相对含量见表2-9。

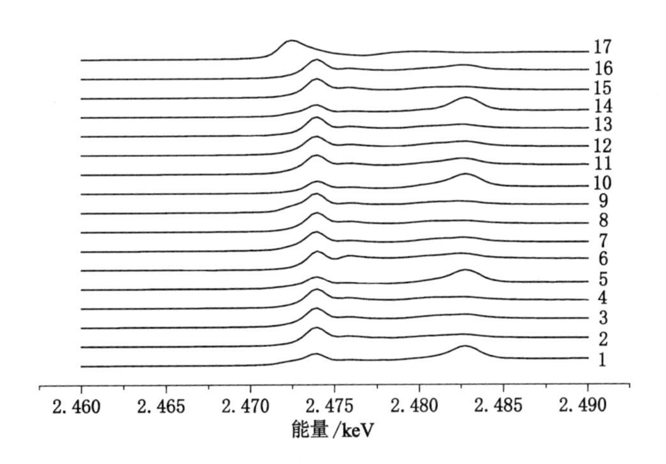

图 2-11 标准含硫化合物 XANES 谱吸收边位置

1——硫酸锌；2——硫代硫酸钠；3——升华硫；4——二苯并噻吩；5——黄铁矿；6——半胱氨酸；7——L-谷胱甘肽；8——过硫酸钾；9——连四硫酸盐；10——亚硫酸钠；11——黄胺铁矾；12——黄钾铁矾；13——二甲基亚砜；14——二苯砜；15——乙硫醇；16——二甲硫醚；17——单质硫

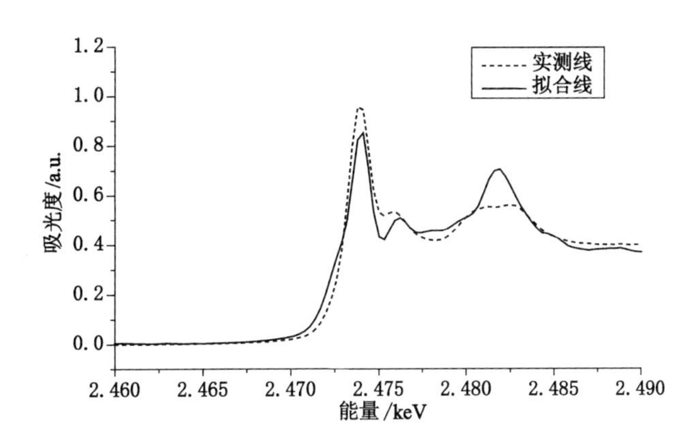

图 2-12 新阳精煤的 K 边 XANES 谱图

表 2-9　　新阳精煤中各种硫形态含量

含硫基团	硫酸盐	噻吩	硫醇	亚砜
相对含量/%	7.38	61.42	27.41	3.79

表 2-9 中有四种含硫基团，分别是硫酸盐、噻吩、硫醇和亚砜，噻吩是有机硫的主要赋存形态，其次是硫醇，亚砜含量是有机硫中最少的。虽然新阳精煤中硫的 K 边 XANES 拟合结果中噻吩含量与 XPS 分析结果相近，是煤中有机硫的最主要赋存形式，但其他硫形态的分布与 XPS 的结论有出入。原因分析如下：首先，XPS 分析在进行谱图拟合时，只关注有机硫的分布情况，舍弃了无机硫的特征吸收峰，因此没有体现出无机硫的存在，也对其他形态硫含量造成影响；其次，XANES 对标准模型化合物与待测样品中化学结构的匹配度要求很高，虽然标样库有 17 种物质，但无机硫标样选择较多，而煤中有机含硫结构复杂的赋存特征使有机硫模型化合物的准确表征难度很大，煤中硫的 K 边 XANES 没有拟合出砜和硫醚。

2.4 本章小结

(1) 通过对煤样进行工业分析、元素分析、煤样显微组分、矿物含量、镜质组反射率、黏结指数等煤质指标的测试，表征了所选煤样的高硫炼焦煤煤质特性，获知煤中硫的主要形态为有机硫。

(2) 煤中硫的XPS结果显示，有机硫在精煤中的主要赋存形态包括硫醇、硫醚、噻吩、砜、亚砜。新峪煤以硫醇和硫醚为主，达到46.24%；新柳煤中，有机硫含量从高到低依次是(亚)砜、噻吩、硫醇(醚)，各类有机硫分布较平均，砜和亚砜占有机硫总量的43.17%。新阳煤中，噻吩是有机硫最主要的赋存形式，超过有机硫总量的60%。

(3) 新阳精煤硫的K边XANES分析和不同密度分级煤中硫的XPS拟合结果证明了噻吩是煤中有机硫的主体。密度分级对煤中硫的分布特征有影响，硫在密度大于1.8 kg/L的煤粉中含量达到9.06%，明显高出其他密度级，原因是硫铁矿硫产生了富集。噻吩在低密度级煤中的含量更高。

3 炼焦煤结构及含硫大分子结构模型构建

在煤的变化过程中，化学反应都是发生在反应物与煤表面之间，因此，煤颗粒表面上的官能团特征直接关系到其反应特性。煤结构研究主要是围绕煤中碳、氧、氢、氮、硫的结构及赋存展开的。

碳是煤最主要的组成部分，是煤结构单元中稠环芳烃的骨架，是形成焦炭的主要物质基础，也是煤发热量的主要来源。氧的赋存状态是煤结构研究的重要内容，氧是煤中第二重要的元素，氧原子是煤中最丰富的杂原子，对煤的大分子结构有重要贡献，煤中氧含量的多少及含氧官能团的化学性质直接影响着煤的反应特性。对炼焦煤来说，要求煤有好的黏结性和结焦性，但是炼焦煤氧化后，氧含量增加会使其黏结性和结焦性大大降低，甚至失去黏结性[172]。C—O 官能团的形态对煤的性质有重要影响，煤中有机氧的存在形式与碳原子密切相关。氢元素是煤中有机质的主要成分，是组成煤大分子骨架和侧链的重要元素，具有较大的反应能力。煤中氮的有机官能团结构决定着在煤燃烧、热解过程中氮元素热迁徙的路径，煤中氮的结合形式对燃料型 NO_x 的生成机理有很大的影响，因此煤中氮的赋存形态，是研究煤燃烧过程中 NO_x 生成规律的前提[173]。煤中硫的结构前文已述。本章主要研究煤中碳、氧、氢、氮的结构与官能团。

煤结构的研究方法有很多，如固态核磁共振（NMR）、拉曼光谱（Raman）、X 射线衍射（XRD）、红外光谱（FTIR）、X 射线光电子能谱（XPS）、X 射线近边结构（XANES）以及电子探针（EMP）等，但目前对于表面化学结构的测定最常见的方法是 FTIR、XPS 和 NMR[174]。

煤是由相对分子质量不同、分子结构相似但又不完全一样的一组相似化合物通过桥键连接而成，煤的大分子结构通常是指煤中芳香族化合物的结构。煤的大分子化学结构模型已经有国内外学者提出了多种[175]，但主要是针对低变质程度煤构建的，只有 Mazumdar、Millward 等少量研究者涉及了高变质程度煤的结构模型[176,177]。含硫大分子结构模型的构建是筛选含硫模型化合物的理论依据，是开展模型化合物替代煤进行微波脱硫研究的基础。

3.1 炼焦煤的 FTIR 分析

3.1.1 FTIR 测定条件及光谱解析原理

试验在美国生产的 Thermo—Nicolet—380 型傅立叶变换红外光谱仪上进行，以 KBr 做载体，固体和载体以 1 ∶ 100 的比例混合研磨，固体样品粒度为 200 网目，溶液浓度 10％左右为宜，一般使用 0.1 mm 的液体池，样品质量约 0.5 mg。测量范围为 4 000～

400 cm^{-1}。波数精度：≤0.1 cm^{-1}，分辨率：0.1～16 cm^{-1}，测试样品使用 4 cm^{-1}分辨率，扫描次数 32。

红外光谱是物质在受到红外光照射时，引起分子中的质点振动而产生的，属于分子振动光谱。研究不同频率红外光照射下样品对入射光的吸收情况，就可以得到反映分子中质点振动的红外光谱。红外吸收谱峰的位置与强度取决于分子中各基团的振动形式和相邻基团的影响，反映了分子结构特征。因此，只要掌握了各种基团的振动频率，即吸收峰的位置以及吸收峰位置移动的规律，即移位规律，就可以进行光谱解析，从而确定样品的结构组成或官能团。吸收峰的强度与分子组成或官能团的含量有关，可用于定量分析。

中红外区波数范围为 4 000～400 cm^{-1}，是官能团的敏感区，也是红外光谱中应用最广泛的一个区，一般可分成四个区域[178]。X—H 伸缩振动区(4 000～2 500 cm^{-1})，X 主要包括 O、C、N、S；三键和累积双键伸缩振动区(2 500～2 000 cm^{-1})，主要包括腈基—C≡N、烯酮基—C＝C＝O、丙二烯基—C＝C＝C—、异氰酸酯基—N＝C＝O、炔键—C≡C—等非对称伸缩振动；双键伸缩振动区(2 000～1 500 cm^{-1})，主要包括 C＝C、C＝O、C＝N、N＝O 等伸缩振动，还有芳环的骨架振动等；X—Y 伸缩振动和 X—H 变形振动区(<1 500 cm^{-1})，主要包括 C—H、N—H 的弯曲振动，C—O、C—X(卤素)等伸缩振动，C—C 骨架振动等。

红外光谱的解析带有经验性，因为影响红外光谱的因素较多，有些红外光谱的谱峰是某个分子整体的吸收，无法给出确切的归属，有些谱峰存在多个官能团吸收的叠加，煤红外光谱主要吸收峰归属见表 3-1[179]。

表 3-1　　煤红外光谱主要吸收峰归属表

吸收峰位置/cm^{-1}	代号	基团名称	振动形式
3 685～3 600	A	游离的—OH	—
3 600～3 500	B	醚—O—与—OH 形成的氢键	—
3 550～3 200	C	醇、酚、羧酸、过氧化物等的—OH、水分	—OH 的伸缩振动
3 350～3 310	D	仲胺—NH—	—NH—的伸缩振动
3 100～3 000	E	芳烃 C—H	芳香性 C—H 的伸缩振动
2 950～2 930	F	—CH_3	脂肪族—CH_3 的不对称伸缩振动
2 920～2 850	G	—CH_2	—CH_2 的不对称伸缩振动和对称伸缩振动
2 600～2 500	H	—SH	游离—SH 的伸缩振动
2 400～2 100	I	C≡C、C≡N	—
1 740～1 730	J	C＝O	脂肪族中的 C＝O 伸缩振动
1 710～1 700	K	C＝O	芳香族中的酯、酸、醛、酮的 C＝O 伸缩振动
1 650～1 600	L	芳烃	芳香族中芳核的 C＝C 的伸缩振动
1 380～1 460	M	烷基—CH_2、—CH_3	C—H 的弯曲振动

续表 3-1

吸收峰位置 /cm^{-1}	代号	基团名称	振动形式
1 160～1 120	N	醚	—O—的对称伸缩振动和不对称伸缩振动
1 120～1 080	O	含硫化合物	C═S 的伸缩振动
1 060～1 020	P	Si—O—Si、Si—O—C	Si—O—Si 和 Si—O—C 的伸缩振动
980～920	Q	—OH	羧酸中—OH 的弯曲振动
900～850	R	苯环上孤立的氢	苯环上的 C—H 弯曲振动
860～800	S	苯环上有两个相邻的氢	苯环上的 C—H 弯曲振动
800～750	T	苯环上有三个相邻的氢	苯环上的 C—H 弯曲振动
770～730	U	苯环上有四个或五个相邻的氢，含磷化合物	苯环上的 C—H 弯曲振动、P—C 的伸缩振动
710～690	V	苯环单取代	苯环上的 C—H 弯曲振动
600～400	W	—S—S—、—SH	有机硫(芳香族双硫醚—S—S 或—SH)的伸缩振动

3.1.2　炼焦煤的 FTIR 谱图解析

新峪、新阳和新柳煤样的 FTIR 谱图原图为透过率—波数谱，透过率与吸光度的关系见朗伯—比尔定律，即

$$A = \lg(1/T) \tag{3-1}$$

式中　A——吸光度；

　　　T——透过率。

根据式(3-1)可以得到吸光度的数据。在 Origin 软件中对谱图进行平滑处理，处理前后的煤样 FTIR 谱图分别见图 3-1、图 3-2、图 3-3。

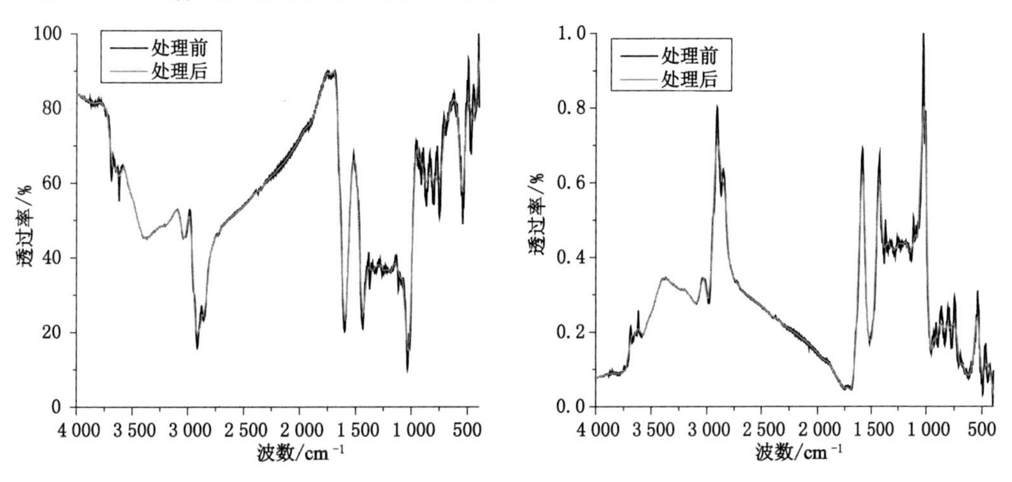

图 3-1　新峪炼焦煤 FTIR 谱图

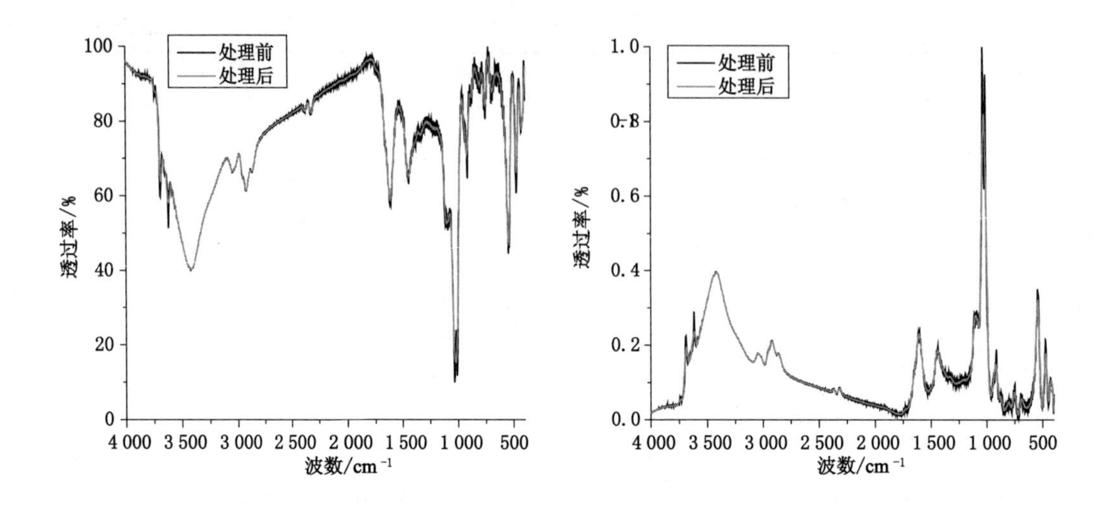

图 3-2 新阳炼焦煤 FTIR 谱图

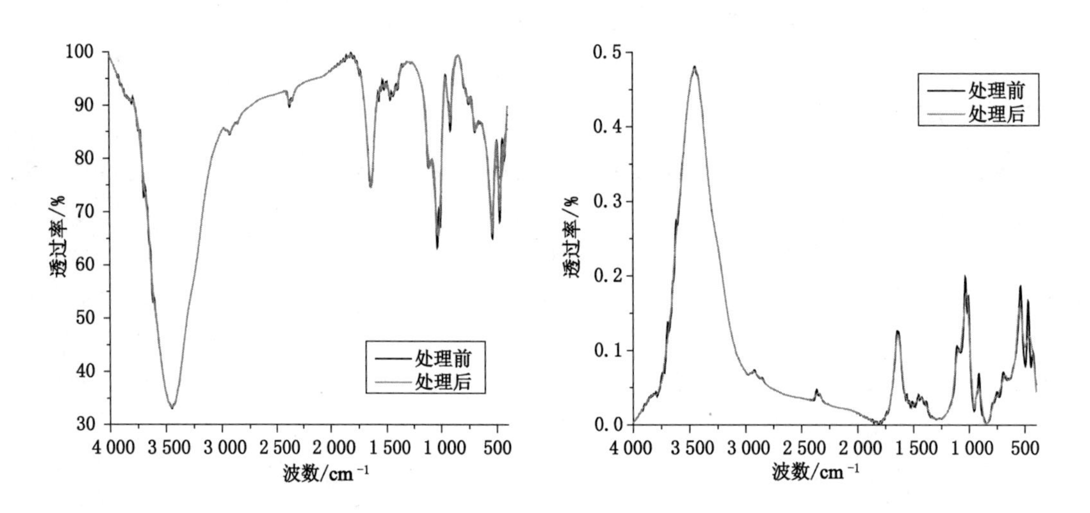

图 3-3 新柳炼焦煤 FTIR 谱图

对红外光谱的主要吸收峰进行标注,结果见图 3-4。根据图 3-4 和红外光谱主要吸收峰归属表的数据,对山西三个煤样主要吸收峰位置及其归属官能团进行整理,结果见表 3-2。

不同煤样的红外谱图中会出现不同的特征吸收峰,代表不同的官能团。利用红外光谱分析煤的结构,主要有 5 类官能团,分别是羟基基团、脂肪结构、芳香结构、含氧官能团、杂原子结构。

(1) 羟基基团

3 700～3 100 cm^{-1}波段的吸收峰比较复杂,一般是由煤中的羟基引起的。羟基是影响煤反应性的一个重要官能团,主要存在于端基和侧链中,羟基在断裂、交联键时具有很强的活化效应。3 700～3 600 cm^{-1}处的吸收峰是游离的—OH,3 600～3 400 cm^{-1}处的吸收峰主要是醇羟基和酚羟基、—NH 和—NH_2,在 3 400～3 200 cm^{-1}处主要是氢键结合的醇、

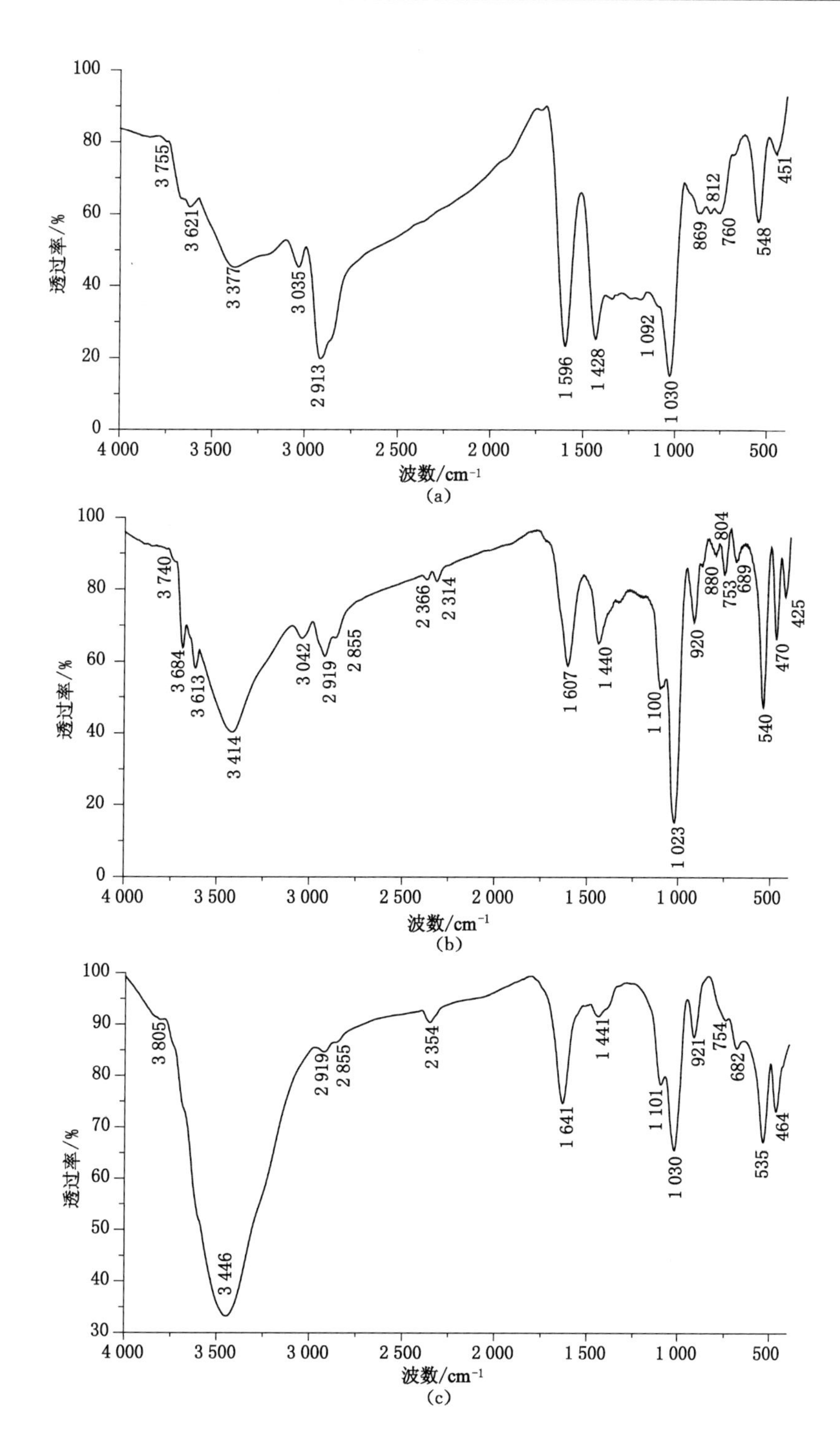

图 3-4 山西炼焦煤的 FTIR 平滑处理谱图

(a) 新峪煤;(b) 新阳煤;(c) 新柳煤

表 3-2　　山西炼焦煤红外光谱主要吸收峰及归属表

样品	吸收峰位置/cm^{-1}	官能团	归属	样品	吸收峰位置/cm^{-1}	官能团	归属
新峪	3 755	—NH	芳族伯胺—NH的伸缩振动	新峪	1 030	Si—O—Si Si—O—C	Si—O—Si和Si—O—C的伸缩振动
新阳	3 740			新阳	1 023		
新柳	3 805			新柳	1 030		
新峪	3 621	游离的—OH	—	新峪	—	—OH	羧酸中—OH的弯曲振动
新阳	3 684 3 613			新阳	920		
新柳	—			新柳	921		
新峪	3 377	醇、酚、羧酸、过氧化物等中的—OH、水分	—OH的伸缩振动	新峪	869	苯环孤立的H	苯环上的C—H弯曲振动
新阳	3 414			新阳	880		
新柳	3 446			新柳	—		
新峪	3 035	芳烃C—H	芳香烃C—H的伸缩振动	新峪	811	苯环上有两个相邻的H	苯环上的C—H弯曲振动
新阳	3 042			新阳	804		
新柳	—			新柳	—		
新峪	2 913	$—CH_3$、$—CH_2$	$—CH_3$、$—CH_2$的伸缩振动	新峪	760	苯环上有三个相邻的氢	苯环上的C—H弯曲振动
新阳	2 919 2 855			新阳	753		
新柳	2 919 2 855			新柳	754		
新峪	—	C≡C、C≡N	—	新峪	—	苯环单取代	苯环上的C—H弯曲振动
新阳	2 366 2 314			新阳	689		
新柳	2 354			新柳	682		
新峪	1 596	芳烃	芳香族中芳核C＝C的伸缩振动	新峪	548	—S—S—	双硫醚—S—S—的伸缩振动
新阳	1 607			新阳	540		
新柳	1 641			新柳	535		
新峪	1 428	烷基$—CH_2$、$—CH_3$	C—H的弯曲振动	新峪	451	—SH	有机硫—SH的伸缩振动
新阳	1 440			新阳	470 425		
新柳	1 441			新柳	464		
新峪	1 092	含硫化合物	C＝S的伸缩振动				
新阳	1 100						
新柳	1 101						

酚、羧酸。3个样品在这一区域均出现了比较明显的吸收峰，说明羟基是山西炼焦煤中氧的

主要赋存基团。新柳煤样在此处的吸收非常强，应该是与煤或 KBr 中的水分有关，因为空气中的水分及 KBr 具有易吸水的特性对测试结果都会有影响。新柳煤没有出现游离羟基的吸收峰，表明煤样中脂链的环化与官能团的缩合作用强烈，各种键之间的相互作用减弱了羟基的伸缩强度。

(2) 脂肪结构

2 950～2 850 cm^{-1}区域的吸收峰是由—CH_2、—CH_3的伸缩振动引起的，其中 2 920 cm^{-1}处的吸收峰反映了煤中脂肪烃或环烷烃的—CH_3伸缩振动，2 850 cm^{-1}处的吸收峰代表—CH_2的不对称伸缩振动，新峪、新阳、新柳煤样在此处的吸收强度逐渐减小，说明煤样的芳构化程度逐渐提高。1 400～1 450 cm^{-1}区域的吸收峰归属于烷基—CH_2、—CH_3的弯曲振动，1 440 cm^{-1}特征频率主要是—CH_2和—CH_3的不对称变形振动，3 种煤样在此处均出现了吸收峰。

(3) 芳香结构

3 100～3 000 cm^{-1}区域的吸收峰是由芳族—CH 的伸缩振动引起的，反映了煤的芳环取代程度和缩合度大小，新峪、新阳煤在此处有一个弱的吸收峰，新柳煤样在该处无明显的吸收峰，说明样品中芳烃—CH 结构很少。1 650～1 600 cm^{-1}区域的吸收峰归属于芳香族中芳核 C═C 的伸缩振动，3 个煤样的谱图在这一区域均出现了较强峰，说明煤中的芳环结构含量较大。900～700 cm^{-1}处为苯环上的 C—H 弯曲振动，3 个煤样的谱图在该区域的吸收峰均为一组弱谱带，这与 3 100～3 000 cm^{-1}区域吸收峰特征相对应，说明煤中的芳香性 C—H 结构不多，煤的芳环取代和缩合度较高。

(4) 含氧官能团

含氧官能团在红外光谱上的吸收峰处于 1 800～1 000 cm^{-1}区域，其中，1 800～1 700 cm^{-1}处归属脂等，1 700～1 600 cm^{-1}处有 3 种结构：具有—O—取代的 C═C(Ar)，羧基、羰基[180]。1 300～1 120 cm^{-1}处包括 C—O(酚)、C—O(醇)、C—O—C 等结构。煤样在 1 800～1 700 cm^{-1}和 1 300～1 120 cm^{-1}两个区域均无特征峰，说明煤中 C═O 结构较少，且主要以芳香结构存在，这与样品中氧主要以羟基的形式存在一致。

(5) 杂原子结构

红外谱图中硫的吸收峰出现在低频区，3 个样品在 1 100 cm^{-1}、540 cm^{-1}和 450 cm^{-1}附近都出现了特征峰，说明煤中硫的含量比较高，与煤的元素分析结果相对应。3 个特征峰对应的含硫结构包括 S═O、—S—S—、—SH 等。

3 种煤样在 3 800～3 700 cm^{-1}区域均出现了一个较弱的吸收峰，证明煤中存在氨基形式的氮，且氨基与苯环相连形成芳胺，这与煤的维斯模型相吻合。新阳和新柳煤在 2 360 cm^{-1}附近出现了一个特征峰，说明煤样中含有腈键 C≡N。

在 1 030 cm^{-1}处 3 个煤样都有一个很强的吸收峰，这是 Si 的特征峰，说明山西煤中 Si 的相对含量比较丰富，主要以 Si—O—Si 和 Si—O—C 的形态赋存。

由于煤中许多官能团的吸收带是宽峰，因此在实际得到的红外光谱中，容易出现谱峰的相互叠加，导致难以确定吸收峰位及其边界，无法计算吸收峰的峰面积。所以需要进行谱峰分峰和曲线模拟。

3.1.3 炼焦煤的 FTIR 谱图分峰拟合

Origin 是目前比较常用的 FTIR 谱图拟合方法[181]，本研究采用的是 Peakfit 4.0 和 Origin 8.5 软件。将样品的测试数据以.PRN 格式保存，在 Peakfit 4.0 软件中，选择拟合区域，设置基线，进行拟合，通过调整峰宽、峰高、峰形优化拟合峰，一般以 interation 优化到 7 作为拟合结束，保存拟合谱图，谱图中横坐标为波数，纵坐标为吸光度。数据输出文本格式，利用 Origin 8.5 软件进行拟合谱图处理。

通过对新峪、新阳和新柳煤 FTIR 谱图的解析，发现官能团类型差别不大，其中新阳煤的吸收峰最为丰富，因此，以新阳煤为研究对象对 FTIR 谱图进行分峰拟合。为尽可能减少谱峰之间的叠加，将 FTIR 谱图分成羟基官能团、脂肪烃、芳香烃和含氧官能团四个部分进行拟合[182]。

(1) 煤中羟基

羟基对煤的反应性有重要影响，是形成氢键的主要官能团，也是一种构建煤中大分子结构的主要非共价键。对新阳煤 FTIR 谱图中 3 700～3 200 cm^{-1} 波段进行拟合，研究煤中羟基的存在形式及相对含量，原始拟合谱图见图 3-5。

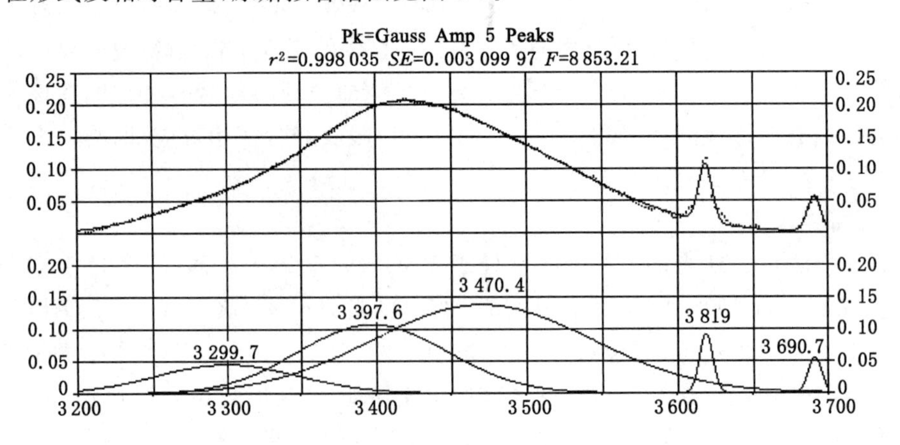

图 3-5 新阳煤中羟基原始拟合谱图

图 3-5 中，上部分中的实线为原谱图，虚线为拟合谱图，下部分为分峰谱图，可以得到吸收峰个数及吸收峰位置对应的波数。r^2 是多元线性回归系数，SE 是均方差，F 是检验系数，r^2 值越大，拟合效果越好。由图 3-5 可见，回归系数大于 0.998，拟合效果很好。拟合谱图经 Origin 处理后见图 3-6。

从图 3-5 和图 3-6 能够清楚地看到，煤中的羟基共拟合出 5 个峰，各峰位置、峰面积、相对含量、归属见表 3-3。

根据表 3-3 的数据，新阳煤中羟基主要以与芳香环上的 π 电子形成的羟基 π 氢键形式存在，所占比例超过 50%。其次是自缔合羟基氢键和羟基醚氢键，游离的羟基含量很少，这符合焦煤的特性[183]。氢键是体现煤缔合模型的一个重要标志，虽然氢键比共价键弱 10 倍，但却比非专一性分子间作用力强近 10 倍，这对于煤大分子网络的稳定是不可忽略的。因此，占羟基总量较大比例的多聚体是煤结构中缔合结构的具体表现。

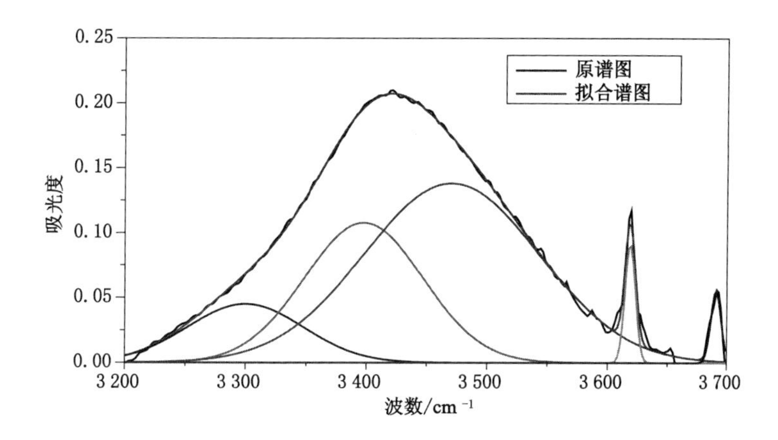

图 3-6 新阳煤羟基 Origin 处理拟合谱图

表 3-3 新阳煤红外光谱羟基主要吸收峰及归属表

峰数	峰位置/cm^{-1}	峰面积	相对含量/%	归属
1	3 300	5.39	11.89	OH…O
2	3 398	13.28	29.28	OH…OH
3	3 470	25.06	55.27	OH…π
4	3 619	1.01	2.23	Free hydroxyl groups
5	3 691	0.60	1.33	Free hydroxyl groups

(2) 煤中脂肪烃

3 000～2 800 cm^{-1}是煤中脂链和脂环中 C—H 在 FTIR 谱图中的吸收范围，对新阳煤在该波段的谱图进行拟合，结果见图 3-7。图 3-7 中，回归系数达到 0.998，拟合效果理想。拟合谱图经 Origin 处理后见图 3-8。

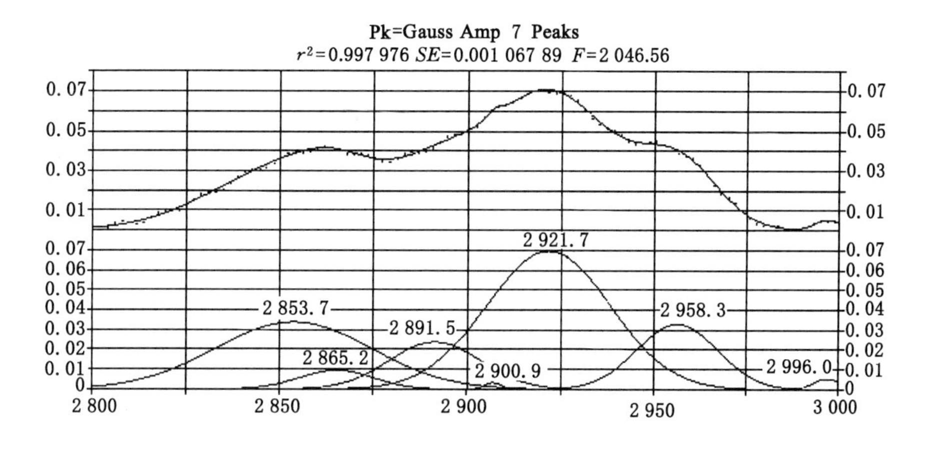

图 3-7 新阳煤中脂肪烃原始拟合谱图

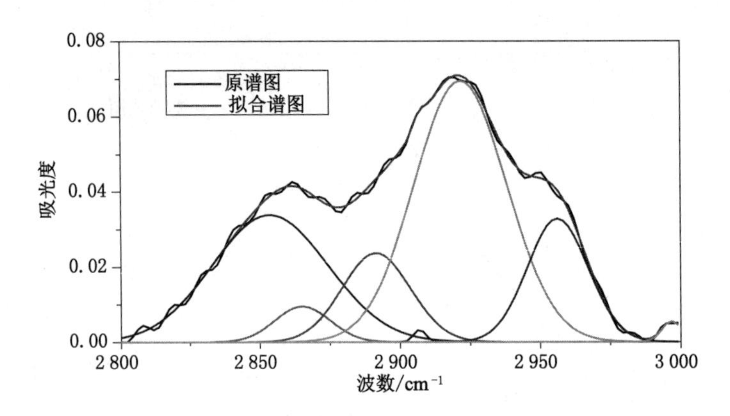

图 3-8　新阳煤脂肪烃 Origin 处理拟合谱图

煤中的脂肪烃共拟合出 7 个峰，其中有 2 个极弱的峰，因为舍去后拟合效果不好，因此得以保留。各峰位置、峰面积、相对含量、归属见表 3-4。

表 3-4　新阳煤红外光谱脂肪烃主要吸收峰及归属表

峰数	峰位置/cm^{-1}	峰面积	相对含量/%	归属
1	2 854	1.75	26.84	sym. R_2CH_2
2	2 865	0.23	3.57	sym. RCH_3
3	2 892	0.72	11.05	—R_3CH
4	2 909	0.02	0.27	—R_3CH
5	2 922	2.87	43.89	asym. R_2CH_2
6	2 956	0.89	13.65	asym. RCH_3
7	2 998	0.05	0.73	asym. RCH_3

谱图中 7 个拟合峰分别归属于 3 种基团 4 种类型的振动吸收，2 个主要的吸收峰出现在 2 854 cm^{-1} 和 2 922 cm^{-1} 处，分别归属—R_2CH_2 的对称伸缩振动和不对称伸缩振动，因此—R_2CH_2 是新阳煤脂肪烃中最主要的官能团。2 865 cm^{-1} 处的吸收峰源自于—RCH_3 的对称伸缩振动，2 956 cm^{-1} 和 2 998 cm^{-1} 处归属于—RCH_3 的不对称伸缩振动。2 892 cm^{-1} 和 2 909 cm^{-1} 两处属于—R_3CH 的伸缩振动的吸收峰。根据表 3-4 的数据，新阳煤中次甲基、甲基、亚甲基的含量依次增加，亚甲基和次甲基含量占脂肪烃总量的 82.05%，说明煤中烷基侧链较多。

（3）煤中的芳香烃

新阳煤在 3 042 cm^{-1} 处有一个弱的吸收峰，说明煤中芳族—CH 较少。在 1 607 cm^{-1} 处有一个较强的吸收峰，该峰归属于酚羟基的芳核振动[184]。芳香结构的 FTIR 谱图波数为 900～700 cm^{-1}。对该波段的谱图进行拟合，结果见图 3-9。拟合曲线的回归系数达到 0.995，拟合效果较好。拟合谱图经 Origin 处理后见图 3-10。

煤中苯环的取代方式决定了芳香结构的谱峰解叠以 4～6 个为宜，图 3-9 和图 3-10 中，共出现了 6 个拟合峰，具体参数见表 3-5。

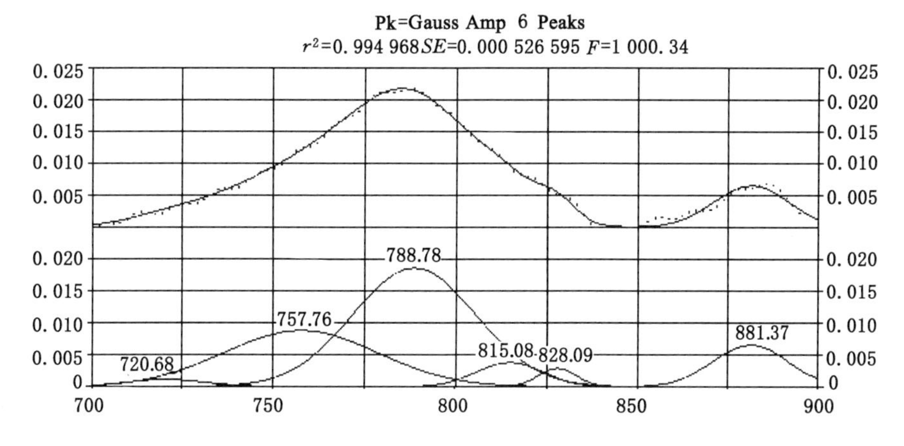

图 3-9　新阳煤中芳香烃原始拟合谱图

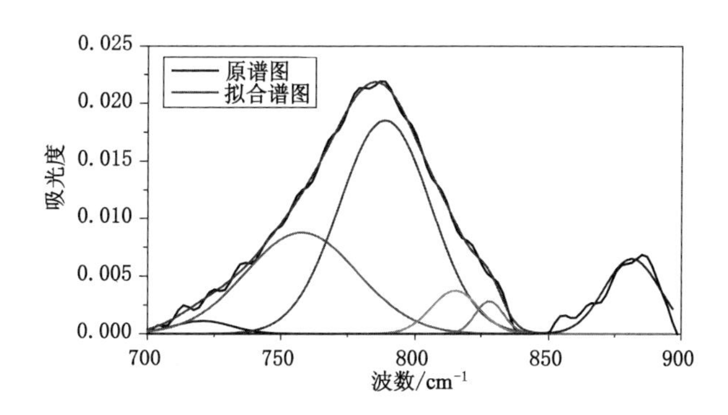

图 3-10　新阳煤芳香烃 Origin 处理拟合谱图

表 3-5　新阳煤红外光谱芳香烃主要吸收峰及归属表

峰数	峰位置/cm^{-1}	峰面积	相对含量/%	归属
1	721	0.03	1.95	2 adjacent H deformation
2	758	0.46	29.34	2 adjacent H deformation
3	789	0.79	50.02	3 adjacent H deformation
4	815	0.09	5.43	3 adjacent H deformation
5	828	0.04	2.38	4 adjacent H deformation
6	881	0.17	10.88	5 adjacent H deformation

700～750 cm^{-1}范围的吸收峰属于苯环二取代，即苯环上有 4 个氢原子，吸收峰 1 和 2 属于此类官能团，含量为 31.29%。789 cm^{-1}、815 cm^{-1}处的吸收峰分别归属苯环三取代，是新阳煤中芳香烃最主要的存在基团，占芳香烃的 55.45%。828 cm^{-1}和 881 cm^{-1}两处的吸收峰分别是由苯环四取代和苯环五取代的振动吸收引起的。新阳煤中苯环四取代和苯环五取代芳烃较少，苯环二取代、苯环三取代是芳香烃的主要结构，占芳香烃总量的 80%以上。

(4) 煤中的含氧官能团

煤中的含氧官能团主要包括羟基、醚氧键、羧基和羰基四大类，其中羟基的红外吸收已在前文分析过，其他含氧官能团的红外吸收振动区波数范围是 1 800～1 000 cm^{-1}，该区域除了含氧官能团的吸收峰，还有芳香性碳碳双键的伸缩振动、甲基和亚甲基的变形振动、杂原子硫和硅的结构等，因此谱图拟合分峰较多，一般选用 13～18 个峰进行拟合。由于新阳煤在 1 020 cm^{-1} 处有一个强的 Si 的吸收峰，为减少干扰，拟合范围设置为 1 800～1 070 cm^{-1}，结果见图 3-11 和图 3-12。

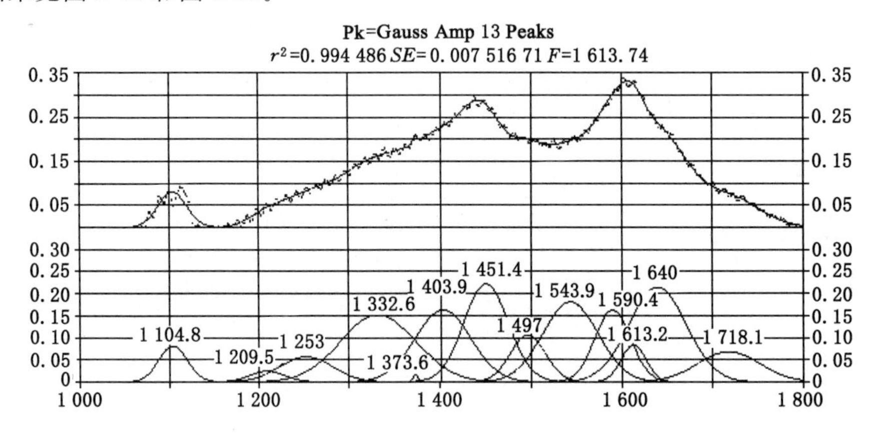

图 3-11　新阳煤中含氧官能团原始拟合谱图

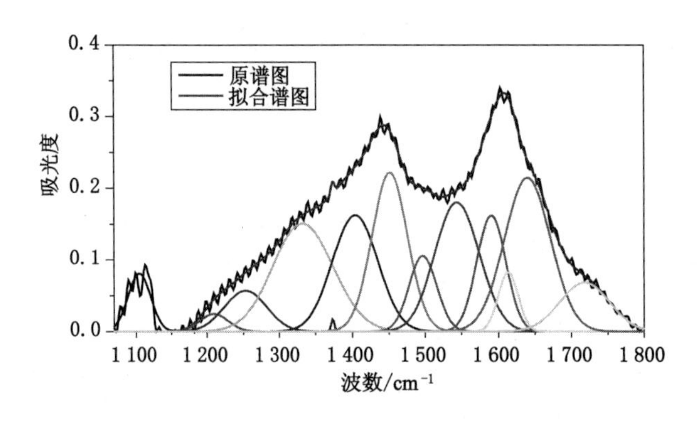

图 3-12　新阳煤含氧官能团 Origin 处理拟合谱图

图 3-11 和图 3-12 中共有 13 个拟合峰，因为在选择解叠范围时，已经摒弃了一些干扰区间，所以解叠峰相对较少[185]，但相较于煤中其他结构，煤中含氧官能团的 FTIR 谱图拟合是最复杂的。拟合曲线的回归系数大于 0. 994，说明拟合效果很好。峰位置、面积、相对含量和归属见表 3-6。

1 105 cm^{-1}处的吸收峰为芳基醚的伸缩振动。1 200～1 340 cm^{-1}区域出现的 3 个吸收峰归属于酚羟基的伸缩振动，占总面积的 20. 39%。1 374 cm^{-1}处的极弱吸收峰是脂肪链末端的甲基的对称弯曲振动，对各类官能团的分布影响可以忽略。1 404 cm^{-1}和 1 451 cm^{-1}两处吸收峰属于甲基和亚甲基的不对称弯曲振动，占总量的 25. 46%。1 490～1 600 cm^{-1}是芳烃中碳碳双键的振动吸收范围，该区域共出现了 3 个吸收峰，面积之和占总面积的

表 3-6　　新阳煤红外光谱含氧官能团主要吸收峰及归属表

峰数	峰位置/cm^{-1}	峰面积	相对含量/%	归属
1	1 105	3.16	3.09	aryl ethers
2	1 210	1.20	1.17	C—O phenols
3	1 253	4.14	4.04	C—O phenols
4	1 333	15.56	15.18	C—O phenols
5	1 374	0.10	0.10	$—CH_3$
6	1 404	12.46	12.16	$—CH_3$、$—CH_2$
7	1 451	13.63	13.30	$—CH_3$、$—CH_2$
8	1 497	5.04	4.91	aromatic C═C
9	1 544	13.68	13.35	aromatic C═C
10	1 590	7.96	7.77	aromatic C═C
11	1 613	2.84	2.77	conjugated C═O
12	1 640	16.94	16.52	conjugated C═O
13	1 718	5.79	5.64	carboxylic acid

26.03%。1 613 cm^{-1}和 1 640 cm^{-1}两处吸收峰归属煤中共轭羰基的伸缩振动，1 718 cm^{-1}处的吸收峰是由羧基的伸缩振动引起的，羰基和羧基两类官能团占含氧官能团谱图拟合总面积的比例分别是 19.29%和 5.64%。可见，含氧官能团中，羟基和羰基是主要组成基团，羧基和醚基含量较低。羧基是褐煤而不是炼焦煤含氧官能团的主要特征。

3.1.4 煤的 FTIR 结构参数

芳香结构、脂肪结构及杂原子是煤大分子结构模型构建的主要内容，芳碳率、芳氢率、氢碳原子比、脂肪烃链长度等是煤大分子结构模型构建的基本参数。其中前文已经在对煤进行元素分析时获知了新阳精煤的氢碳原子比，为 0.72。

(1) 芳氢率

f_{ar}^{H}代表煤中的芳氢率，又称为氢芳香度，它与芳碳率一起用来表示煤的芳香度。f_{ar}^{H}是指煤中芳烃中氢原子数占总原子数的比例，计算公式如下：

$$f_{ar}^{H}=\frac{H_{ar}}{H} \tag{3-2}$$

式中，H_{ar}代表芳烃中氢原子数，H 代表煤中氢总原子数。在利用 FTIR 分析数据进行计算时，近似认为煤中只有芳香氢和脂肪氢两类氢原子存在，原子数用谱图中的吸收面积表示，计算公式如下：

$$f_{ar}^{H}=\frac{H_{ar}}{H}=\frac{I(700\sim 900\ cm^{-1})}{I(700\sim 900\ cm^{-1})+I(2\ 800\sim 3\ 000\ cm^{-1})} \tag{3-3}$$

式中，$I(700\sim900\ cm^{-1})$和 $I(2\ 800\sim3\ 000\ cm^{-1})$分别为煤在 700～900 cm^{-1}和 2 800～

3 000 cm^{-1}两个区域内的吸收面积。这两个吸收面积分别根据表 3-4 和表 3-5 中的数据计算得到，代入式(3-3)中计算，获取新阳煤的芳氢率为 0.19。

(2) 芳碳率

芳碳率又称为碳芳香度，用 f_{ar}^{C}表示，指煤中芳香化合物结构中碳原子数占总碳原子数的比例，计算公式如下：

$$f_{ar}^{C}=1-\frac{C_{al}}{C}=1-\frac{H_{al}}{H}\times\frac{H}{C}\div\frac{H_{al}}{C_{al}} \tag{3-4}$$

式中，C_{al}是脂肪碳，C 是总碳，H_{al}代表脂肪氢，H 代表总氢，$\frac{H}{C}$是煤中氢碳原子比，$\frac{H_{al}}{C_{al}}$代表脂肪族中的氢碳原子比，一般用经验值 1.8。根据煤中芳氢率的计算方法，可以得到脂氢率$\frac{H_{al}}{H}$的值为 0.81。代入式(3-4)进行计算，获取新阳煤中 f_{ar}^{C}的值为 0.69。

(3) 煤中脂肪烃支链长度

煤中脂肪烃支链长度反映了烷基侧链长度及支链化程度，是煤结构及反应性的一项重要指标，可以用甲基和亚甲基之比进行表征。利用 FTIR 谱图中的数据进行计算，可依据式(3-5)：

$$\frac{CH_3}{CH_2}=\frac{I(2\ 865\ cm^{-1})+I(2\ 892\ cm^{-1})+I(2\ 909\ cm^{-1})}{I(2\ 854\ cm^{-1})+I(2\ 922\ cm^{-1})} \tag{3-5}$$

式中，$I(2\ 865\ cm^{-1})$、$I(2\ 892\ cm^{-1})$、$I(2\ 909\ cm^{-1})$、$I(2\ 854\ cm^{-1})$、$I(2\ 922\ cm^{-1})$分别代表各自波数对应的吸收峰面积。根据计算，新阳煤中脂肪烃支链长度为 0.25。

3.2 炼焦煤中主要元素的 XPS 分析

新阳精煤进行 XPS 测试谱图见图 3-13。XPS 不能测定氢的特征，谱图出现了 5 个特征峰，电子结合能从高到低依次是 O、N、C、S 和 Si，Si 的存在与煤样的 FTIR 谱图分析结果是一致的。分别对 C、O、N 三个特征峰进行拟合。

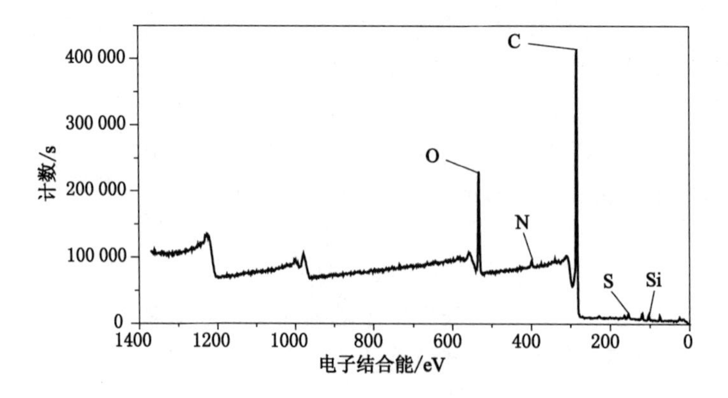

图 3-13　新阳精煤 XPS 谱图

3.2.1 煤中碳结构

煤中碳的官能团主要有C—C、C—H、C—O、C═O、O═C—O、O—C—O等，国内外学者利用XPS对煤中C谱图进行研究时，分峰的方法基本相同，但拟合结果中，官能团及其归属对应的电子结合能范围存在差异。

Kozlowski M.、Grzybek T.、曾凡桂等人认为碳在煤表面结构中存在四种形态：284.48 eV对应的是芳香石墨化碳(C—C)的特征峰，285.22 eV对应的是C—H结构的特征峰，286.53 eV归属于酚碳或醚碳(C—O)的特征峰，287.61 eV归属于羰基(C═O)的特征峰[186-188]。Liu F. R.等人用XPS法研究煤表面碳官能团的变化时，把煤中C谱图拟合出了4个特征峰，电子结合能位置在284.8 eV、286.3 eV、287.5 eV、289.0 eV，分别归属于C—H或C—C、C—O、C═O或O—C—O、O═C—O官能团[189]。Kelemen S. R.、张军等人对煤焦燃烧过程中碳官能团演化行为进行了研究，提出煤中碳的官能团有4类，其结合能在(284.8±0.1)eV、(286.3±0.1)eV、(287.5±0.1)eV和(289.0±0.1)eV，分别是芳香单元和脂肪碳(C—C，C—H)、酚碳(C—O)、羰基(C═O)和羧基(COO—)的特征峰[190,191]。向军等人在研究煤燃烧过程中碳官能团演化行为时，对石墨化碳(C—C)、碳氢键(C—H)、醚基(O—C—O)、羰基(C═O)、羧基(—COOH)官能团对应的结合能，分别设定为(284.4±0.3)eV、(285.0±0.3)eV、(286.1±0.2)eV、(287.6±0.3)eV、(288.6±0.4)eV[192]。李培生等人认为煤中主要含碳官能团有5类，分别为石墨化碳/碳氢键(C—C，C—H)、醚基(O—C—O)、羰基(C═O)、羧基(COO—)和碳酸盐(CO_3^{2-})，归属峰位置对应的电子结合能范围分别是(285±0.2)eV、(286.1±0.2)eV、(287.6±0.3)eV、(288.6±0.2)eV和(290.4±0.2)eV[193]。

综合C谱图拟合分峰的成果和关于山西焦煤中C谱图的测试数据，本研究认为煤中C谱图可拟合成4个峰，拟合位置对应的电子结合能分别在(284.4±0.5)eV、(285.0±0.3)eV、(286.1±0.2)eV、(288.8±0.2)eV，归属官能团分别为芳碳(C—C)、脂碳(C—H)、酚碳/醚基(C—O)、羧基(COO—)。新阳精煤C谱图的拟合谱图见图3-14。

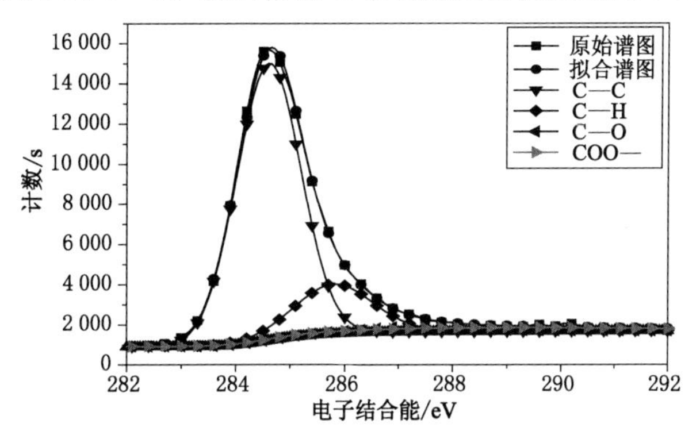

图3-14 新阳精煤C的XPS拟合谱图

新阳精煤C的XPS拟合谱图中共有4个峰，其中有2个峰很明显，还有2个峰由于峰宽等原因拟合的不太明显，碳官能团结构、峰位置电子结合能、半峰宽、峰面积及各类碳结构的相对含量见表 3-7。

表 3-7　新阳精煤碳结构及相对含量

煤样	峰位置结合能/eV	碳结构类型	半峰宽	峰面积	相对含量/%
新阳精煤	284.5	C—C	1.17	51 260	76.66
	285.3	C—H	1.12	9723	14.55
	285.9	C—O	1.96	4322	6.46
	288.8	COO—	1.63	1 559	2.33

根据拟合结果，新阳煤中碳结构主要包括 C—C、C—H、C—O、C＝O、COO—几类官能团，其中以芳构碳（C—C）含量最高，其次是脂构碳（C—H），酚碳和醚碳（C—O）、羧基（COO—）在煤样中的含量较少。根据曾凡桂等人对不同还原程度煤显微组分组表面结构分析的结果[156]，煤中芳构碳（C—C）和脂构碳（C—H）含量高代表烷基侧链较多，这与新阳煤中碳的 FTIR 分析结果一致。酚碳和醚碳（C—O）和羧基（COO—）含量低意味着氧化程度较低。

3.2.2　煤中氧结构

煤中氧的结构主要有无机氧、羟基、醚基、羰基、羧基等几类，本书主要研究煤中有机含氧官能团的存在形式。由于 XPS 测试方法的限制，不能区分醚基和羟基，因此，把 C—O 作为醚基和羟基的总和。相较于煤中 XPS 碳谱的分峰，煤中 XPS 氧谱的分峰研究结果差异较大，这是因为煤中 C、N、S 以及无机矿物如 Ca、Si、Al 等元素都会影响煤中氧的赋存形态[194,195]。

有学者在对煤中氧的 XPS 谱图进行拟合时，发现有 4 个特征峰，分别为无机氧（530.05 ±0.3）eV、羟基或醚基（531.43±0.3）eV、羰基（532.79±0.3）eV、羧基（533.17±0.3）eV[196,197]。但 Grzybek T. 认为 531.3 eV 和 532.8 eV 分别归属于 C＝O 和 C—O[198]。杨志远等人在研究神府煤不同密度级组分光催化氧化时，将煤中氧的 XPS 谱图也拟合出了 4 个结合能的峰，结合能位置及对应的氧的形态分别为羰基（531.3±0.2）eV、碳氧键（532.8±0.3）eV 和羧基（534.1±0.4）eV 以及污染或无机氧（529.5±0.4）eV[199]。曾凡桂等人则认为氧在煤表面结构中存在三种形态：531.90 eV 峰归属于酚羟基和醚氧键（C—O），532.34 eV 及 533.34 eV 峰归属于羰基（C＝O），534.35 eV 峰归属羧基（COO—）[188]。

煤中氧结构与碳结构密切相关，碳原子的化学环境和与之相邻的氧原子相互影响，含氧基团的 4 个峰大部分与碳有关，通过碳原子可以分析与之相邻的氧原子的状态。羧基、羟基中的氧与一个碳原子相连，醚键氧与两个碳原子相邻，羰基和羟基中的氧影响一个碳原子的化学状态，而醚键氧会影响两个碳原子。因此，有的学者将碳谱和氧谱进行联合解析。罗陨飞等人在利用 X 射线光电子能谱研究马家塔煤显微组分中氧的赋存形态时，将氧谱拟合成 2 个峰，即 C＝O 的特征峰出现在 531.6 eV，C—O 的特征峰对应的电子结合能位置为 533.3 eV，其他的氧结构的特征峰归为碳谱的拟合，C—O—C、C＝O、COO—的特征峰分别在 286.2

eV、288.1 eV 和 289.9 eV[200]。周剑林在对煤中碳和氧的 XPS 谱图联合解析时，提出低阶煤中的含氧官能团大致包括三种类型，即醚键、酚羟基和醇羟基(C—O)、羰基(C═O)、羧基(COO—)[201]。

图 3-15 为新阳精煤氧谱的拟合图，图中有 3 个特征峰，电子结合能位置从低到高分别归属于羰基(C═O)、羟基和醚氧键(C—O)、羧基(COO—)。总结前人的研究成果，煤中氧的结构均以 C—O 为主体，因此，本书认为，煤中氧的结构主要有 3 种，其电子结合能和峰归属依次为：羰基(531.5±0.2)eV、醚键、羟基(532.8±0.3)eV、羧基(533.4±0.3)eV。根据分峰结果，新阳精煤中有机氧的主要结构类型及相对含量见表 3-8。

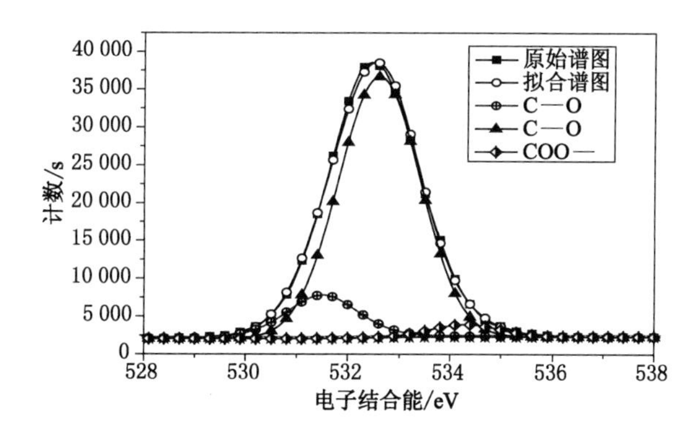

图 3-15 新阳精煤 O 的 XPS 拟合谱图

表 3-8 **新阳精煤氧结构及相对含量**

煤样	峰位置结合能/eV	碳结构类型	半峰宽	峰面积	相对含量/%
新阳精煤	531.5	C═O	1.667	11 318	13.71
	532.6	C—O	1.867	68 505	85.01
	534.3	COO—	1.571	2 706	3.28

新阳煤中有机氧最主要的官能团是醚基和羟基，其含量占有机氧总量的 85%左右，其次是羰基，最少的是羧基，这与煤中氧的 FTIR 分析结果一致。由于煤中氧的赋存状态容易受到其他原子的影响，因此，在用 XPS 解析煤结构时，碳谱和氧谱得到的关于有机氧的官能团类型及含量会有一定的差异，有时甚至差别很大。联合新阳煤的碳谱进行解析可以得到，煤中酚碳和醚碳(C—O)占酚碳和醚碳(C—O)和羧基(COO—)总量的 73.49%，跟氧谱解析得到的 85.01%有一定的差距，但可以确定的是，醚基和羟基是煤中有机氧的最主要赋存形式。因此，本书得到的氧谱，仅作为对煤表面结构中氧原子的定量分析。氧谱不能对醚基和羟基进行区分，但是可以通过式(3-6)和式(3-7)进行求解。

—O—+—OH=酚碳(醚碳)×羟基(醚基)/总碳×有机氧总量 (3-6)

2C—O—+C—OH=酚碳(醚碳)/总碳 (3-7)

由于本书只分析煤中有机氧的状态，没有考察新阳煤的矿物组成及煤中 Al、Si、Ca 等元素的含量，无法计算煤中无机氧的含量和有机氧总量，因此，区分不开醚基和羟基的含量。

但根据 FTIR 对含氧官能团的分析可知，煤中醚基含量不高，羟基是最主要基团。

3.2.3 煤中氮结构

煤中氮在燃烧时会以 NO_x 的形式释放出来，造成环境污染，煤中有机氮通过共价键作用结合在煤的大分子网络中。在用 XPS 解析煤中各种形态氮结构时，一般认为可以拟合出 4 个特征峰，即吡啶型氮(398.8±0.4)eV、吡咯型氮(400.2±0.3)eV、质子化吡啶(401.4±0.3)eV、氮氧化物(402.9±0.5) eV[202-205]。吡啶型氮，是指位于煤分子芳香结构单元边缘上的氮。吡咯型氮，主要指位于煤分子单元结构边缘上五元环中的氮。质子化吡啶，指的是并入煤分子多重芳香结构单元内部的吡啶型氮，这类氮在多环芳香结构内部取代了碳的位置，并与 3 个相邻芳香环相连，略带正电荷。

N 特征峰对应的电子结合能位置在一定范围内波动。Pels J. R.、Friebel J. 在研究氮的 XPS 谱图时，将其分为吡啶型氮(398.7±0.3)eV、吡咯型氮(400.5±0.3)eV、季氮(401.3±0.3)eV 和氧化型氮(403.1±0.3)eV[206,207]。杨志远等人在研究不同密度级煤的表面结构时，认为煤中氮的形态和结合能位置分别是吡啶型氮(398.8±0.4)eV，吡咯型氮(400.2±0.3)eV，质子化吡啶(401.4±0.3)eV 和氮氧化物(402.9±0.5)eV[199]。车得福等人在用 XPS 确定铜川煤及其焦中氮形态的研究中提出，吡咯型氮除了位于煤分子单元结构边缘上的五元环中的氮外，还包括含有氧官能团的吡啶，如吡啶酮及其互变异构形式，这是因为在这些结构的 N 谱图中的结合能位置相近，利用 XPS 无法将它们清楚地分开[208]。相建华等人认为吡咯型氮是氮的最主要存在形式，其次是季氮与吡啶型氮，氮氧化物含量最低[188]。李梅等人在研究中也发现吡啶型氮和吡咯型氮是煤中氮的主要赋存形态，氧化型氮所占比例较小，季氮的比例随着煤阶的升高而下降[209]。

新阳精煤的 N 谱图拟合后有 4 个特征峰，根据电子结合能从低到高依次为吡啶型氮(399.0 eV)、吡咯型氮(400.5 eV)、质子化吡啶(401.5 eV)和氮氧化物(403.0 eV)，见图 3-16。4 个特征峰的相关参数见表 3-9。

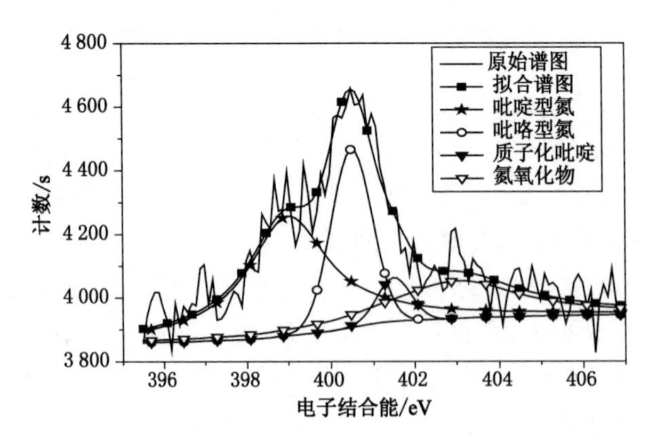

图 3-16 新阳精煤 N 的 XPS 拟合谱图

表 3-9　新阳精煤氮结构及相对含量

煤样	峰位置结合能/eV	碳结构类型	半峰宽	峰面积	相对含量/%
新阳精煤	399.0	吡啶型氮	2.34	1381	48.02
	400.5	吡咯型氮	1.14	680	23.64
	401.5	质子化吡啶	0.96	140	4.87
	403.0	氮氧化物	3.64	675	23.47

新阳煤中质子化吡啶的含量仅占总氮量的4.87%，说明镶嵌于煤分子多重芳香结构单元内部的吡啶型氮很少，绝大多数氮分布于煤分子结构单元的边缘。煤中氮氧化物含量较高，跟吡咯型氮含量相当，达到23.47%，可能是部分煤样被氧化的结果。当煤发生氧化时，随着C═C及C—C键的破坏，导致质子化吡啶逐渐外露，并转化为煤分子芳香环边缘上的吡啶或吡咯。可见，新阳煤中吡啶、吡咯和氮氧化物为氮的主要存在形式。

3.3 炼焦煤的核磁分析

3.3.1 ^{13}C—NMR测定条件及谱图解析方法

核磁共振研究的是磁性原子核对射频能的吸收。具有磁性的原子核在磁场作用下存在不同的能级，如果外加能量等于两个能级差，则原子核可能吸收能量(共振吸收)并跃迁至高能级，吸收能量的数量级相当于频率范围为0.1～100 MHz的电磁波。自旋量子数I为1/2的原子核可以看做是一种电荷分布均匀的自旋球体，特别适用于核磁共振试验，例如：^{1}H，^{13}C，^{15}N，^{19}F，^{31}P。NMR在化学领域中得到了广泛应用，尤其适用于小分子、大分子及其复杂体系的结构分析，^{13}C—NMR是煤结构分析中功能强大的测试手段[210-212]。

煤中碳结构非常复杂，^{13}C—NMR谱图中谱峰会发生叠加，必须对^{13}C—NMR谱图进行模拟分峰处理，以获取某一特定化学位移所对应的碳官能团及其相对含量，本书采用Peak和Origin软件对谱图进行拟合分析。^{13}C化学位移δ是碳谱中最重要的参数，代表煤中不同碳官能团化学位移的归属，是谱图解析的依据。根据前人的研究成果，对^{13}C—NMR谱图不同碳结构的化学位移值δ及其归属官能团整理如表3-10所列[213-214]。

表 3-10　^{13}C—NMR谱图上煤中碳官能团化学位移归属表

化学位移/10^{-6}		主要归属	
0～20	16	R—CH_3	甲基碳
	20	Ar—CH_3	
20～35	29	—CH_2—	亚甲基碳
35～50	37	CH、C	次甲基、季碳

续表 3-10

化学位移/10^{-6}		主要归属	
50～90	50～60	O—CH_3、O—CH_2—	氧接脂碳
	60～70	O—CH	
	75～90	R—O—R	
100～165	100～129	Ar—H	芳碳
	129～148	Bridgehead(C—C)	
	148～165	Ar—O	
165～185		羧基碳	
185～200		羰基碳	

3.3.2 ^{13}C—NMR 谱图解析

煤样的^{13}C—NMR 测试在中国科技大学测试中心进行，仪器为德国布鲁克公司的 Bruker Avance 400 W BPlus 宽腔固体核磁共振波谱仪，使用 CP/MAS 技术，转速 15 000 r/min，累加 1 024 次，脉冲间隔 2 s。选择新阳煤样进行核磁共振吸收测试并对其^{13}C—NMR 谱图进行解析，新阳煤的^{13}C—NMR 原始谱图见图 3-17。一般化合物中 δ 约在 0～300 ppm，正碳离子可大于 300 ppm。

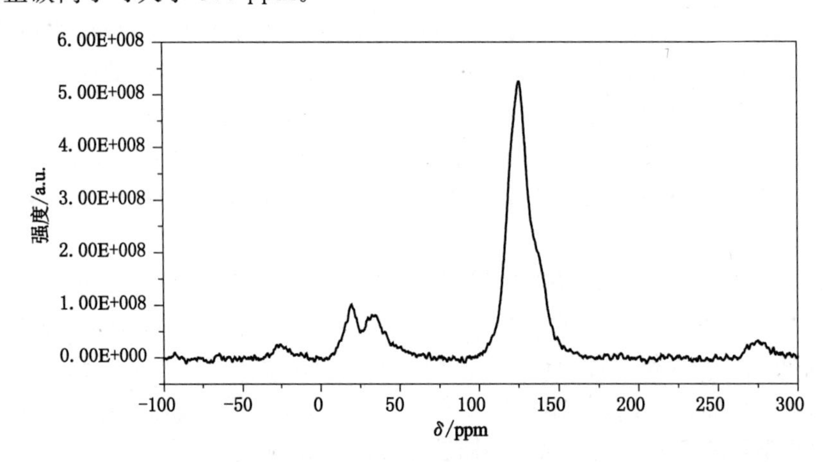

图 3-17　新阳煤核磁共振碳谱

利用 NUTS 软件进行拟合分峰，设置 Line—Broadening 参数为 150，按照顺序输入 EM、PH、FB 命令并设置基线，根据表 3-10 数据进行分峰，设置 PPM、Width，勾选 Fraction Lorentzian，进行拟合，达到最优效果后，输出拟合数据和拟合谱图。根据化学位移和不同碳官能团峰面积计算煤的结构参数。新阳煤^{13}C—NMR 谱图中 δ 在 0～200 ppm 的范围拟合结果见图 3-18。

煤的^{13}C—NMR 谱由两个峰群组成，分别是 δ 为 0～90 和 100～165 的脂肪碳和芳香碳。利用^{13}C—NMR 谱通过 K. LeeSmith 和 M. S. Solum 等人提出的 12 种结构参数，研究

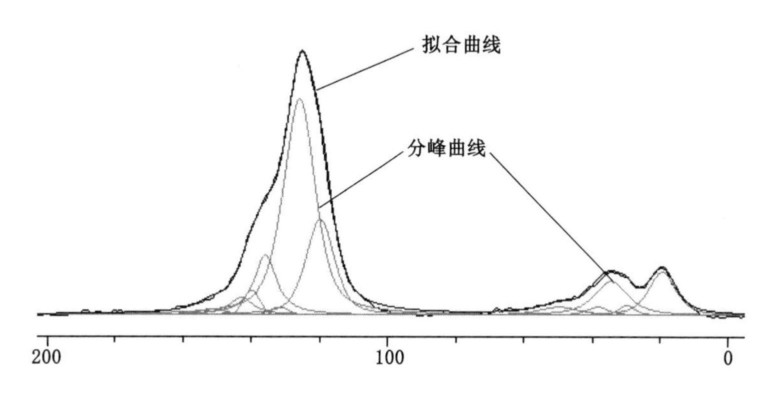

图 3-18　新阳煤[13]C—NMR 拟合谱图

不同碳原子的相对含量[215,216]。f_a 和 f_{al} 分别表示芳碳率和脂碳率，f_a^C 为羰基碳和羧基碳，f'_a 代表芳环，f_a^N 和 f_a^H 分别代表非质子化芳碳和质子化芳碳，f_a^P、f_a^S 和 f_a^B 分别表示氧接芳碳、烷基取代芳碳和芳香桥碳，f_{al}^*、f_{al}^H、f_{al}^O 分别代表甲基碳、亚甲基碳和次甲基碳、氧接脂碳。这 12 种结构参数之间存在如下关系：

$$f_a + f_{al} = 1 \tag{3-8}$$

$$f_a = f_a^C + f'_a \tag{3-9}$$

$$f'_a = f_a^N + f_a^H \tag{3-10}$$

$$f_a^N = f_a^P + f_a^S + f_a^B \tag{3-11}$$

$$f_{al} = f_{al}^* + f_{al}^H + f_{al}^O \tag{3-12}$$

根据式(3-8)～式(3-12)计算得到新阳煤的[13]C—NMR 结构参数，见表 3-11。

表 3-11　　新阳煤[13]C—NMR 结构参数表

f_a	f_{al}	f_a^C	f'_a	f_a^N	f_a^H	f_a^P	f_a^S	f_a^B	f_{al}^*	f_{al}^H	f_{al}^O
0.73	0.27	0.09	0.64	0.51	0.13	0.15	0.07	0.29	0.06	0.19	0.02

对表 3-11 中的数据进行解析，甲氧基仅存在于泥炭和软褐煤中，随煤化程度增高甲氧基逐渐消失，在老年褐煤中已基本不存在[217]，新阳煤是炼焦煤，因此 f_{al}^O 含量较少，只有 0.04，符合炼焦煤特性。

芳核平均结构尺寸 X_b 是一个与稠环芳烃缩合方式关系密切的参数，用来计算芳香簇的尺寸，X_b 用式(3-13)计算，新阳煤的 X_b 为 0.40。

$$X_b = f_a^B / f_a \tag{3-13}$$

f'_a 为芳环中 sp^2 杂化碳占总碳的百分数，也称为芳香度，新阳煤的芳香度为 0.64。

芳碳中氢原子的个数与质子化芳碳的原子个数相等，因此用质子化芳碳占总碳的分数表征芳氢率 H_a，H_a 根据下式进行计算：

$$H_a = (C/H)_{atom} \times f_a^H \tag{3-14}$$

式中，$(C/H)_{atom}$ 为煤中碳氢原子个数比，根据煤的元素分析中的数据，$(C/H)_{atom}$ 为 1.38，根据式(3-14)获知新阳煤的 H_a 为 0.18。

3.4 炼焦煤含硫大分子结构模型

根据 FTIR、XPS、^{13}C—NMR 的分析，对新阳煤的最主要元素 C、H 参数进行对比：FTIR、^{13}C—NMR 对芳碳率的分析数据分别为 0.69 和 0.73，与煤中碳 XPS 分析中芳构碳占比 76.66%的结果相差不大；FTIR、^{13}C—NMR 分析中芳氢率的计算结果分别为 0.19 和 0.18。因此三种分析方法得到的数据可信。

（1）芳香碳结构

碳含量在 83%～90%范围的煤中，芳香结构单元缩合环数为 3～5 个。新阳煤的碳含量为 86.44%，因此，芳香结构单元主要以 3～5 个芳环缩合形式存在。中等煤化程度烟煤基本结构单元的核以菲环、蒽环和芘环为主，菲、蒽、芘的 X_b 分别是 0.44、0.40 和 0.60。根据新阳煤的 X_b 为 0.40，设计结构模型中芳香结构类型及个数见表 3-12，芳香碳原子个数为 118。

表 3-12　新阳煤结构模型中芳香结构单元

芳香结构单元类型	个数	芳香结构单元类型	个数
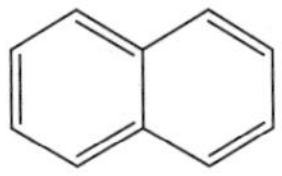	3	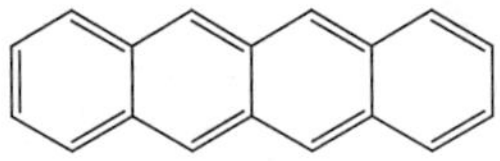	1
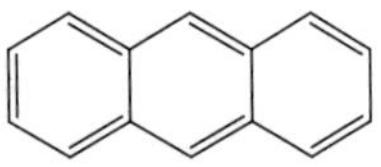	2	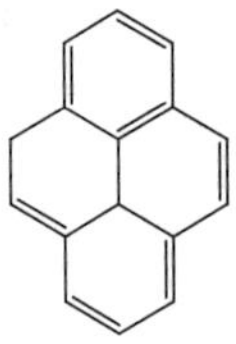	1
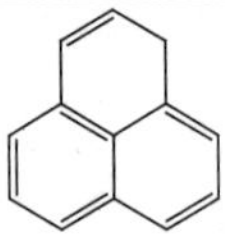	2		

（2）脂肪碳结构

煤中脂肪碳结构主要以烷基侧链、环烷烃和氢化芳烃的形式存在。烷基侧链长度随煤化程度的增加而迅速减小，碳含量为 84.3%时烷基侧链平均碳原子数为 1.8，碳含量为 90.4%时烷基侧链平均碳原子数为 1.1[218]。据此推测，新阳煤结构模型中的烷基侧链平均碳原子数在 1.5 左右。根据 FTIR 的分析结果，新阳煤中脂肪烃支链长度为 0.25，XPS 中碳结构的分析结果显示，新阳煤中存在较多的烷基侧链，但侧链长度不长。综合以上分析，新阳煤结构中脂肪碳结构主要以环烷烃、甲基侧链和乙基侧链及形式存在。根据新阳煤 f'_a 为 0.64 及芳香结构碳原子数，确定脂肪碳及羧基、羰基碳原子数为 66 个。

（3）杂原子结构

煤中的杂原子主要是氧、氮和硫，首先根据元素分析及结构模型中碳原子的数据确定它们的个数，O、N、S 原子数分别为 7.36、2.38 和 1.60，取整后分别是 7、2、2。根据 FTIR 和 XPS 对氧结构的定量分析结果，主要以羟基和羰基形式存在，结构模型中分别含有 2 个羟基和 2 个羰基。XPS 分析氮结构时确定了新阳煤中氮主要以分子芳香环边缘上的吡咯和氮氧化物的形式存在，因此，结构模型中吡咯型氮和氮氧化物各占 1 个，氮氧化物占用 2 个氧原子。

噻吩是新阳煤中有机硫的最主要存在形态，受限于结构模型原子数，无法将新阳煤中有机硫的三种主要赋存形态全部按照比例准确构建出来，2个硫原子中1个以噻吩的形式存在是以煤中有机硫的形态分析结果为依据的，另外1个硫原子的存在形式应该是由硫醇、硫醚、砜和亚砜共同组成，根据有机硫形态的相对含量及氧原子个数将另一个硫原子确定为以亚砜的形式存在，虽然不是非常准确，但已是构建的结构模型原子数限制下的最佳分配方式，同时，亚砜占用了一个氧原子。

根据以上结构单元的分析结果及碳氢原子比，构建新阳精煤碳原子个数为184的有机含硫大分子结构模型，见图3-19。

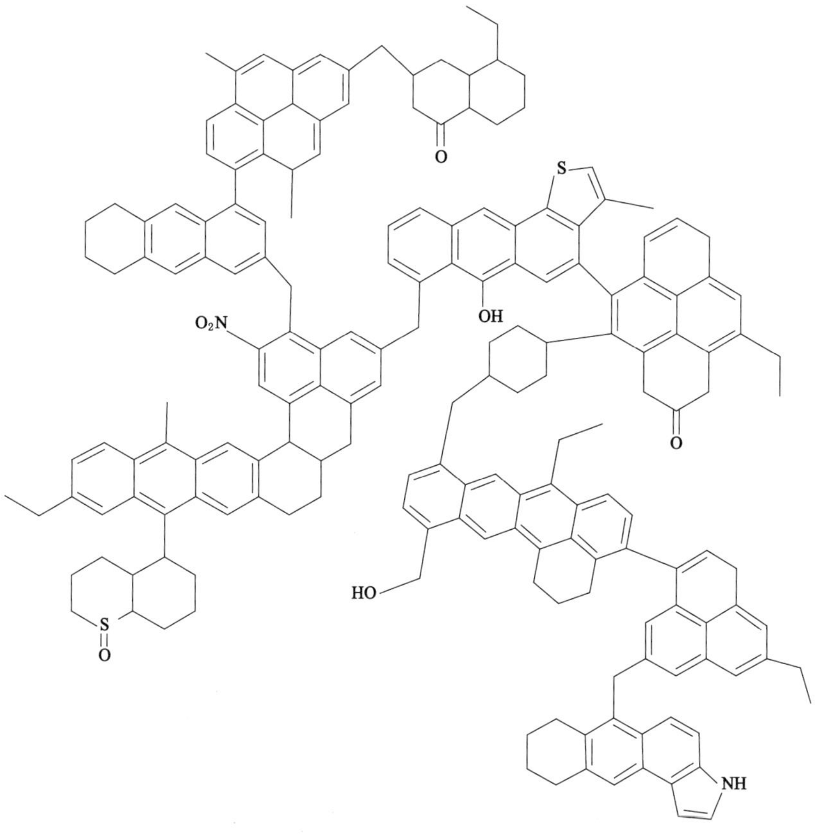

图3-19 新阳精煤含硫大分子结构模型

3.5 噻吩硫模型化合物选择

通过对新阳煤结构模型中主要原子的分析获知，煤中芳香结构主要以萘、菲和蒽的单元存在；同时含有较多的甲基、乙基侧链；结构中氧原子较为丰富，主要的存在形式是羟基和羰基；氮原子在新阳煤中的个数比硫原子更多，主要以吡咯型氮和氮氧化物存在于结构中，噻吩是有机硫在煤中的最主要赋存结构。因此，新阳煤中噻吩结构与芳环、脂链、含氧结构、含氮结构相连的可能性都是存在的。

为研究微波辐照条件下，煤中不同原子和结构对噻吩硫含硫键的作用和影响，根据山西炼焦煤的有机硫结构，筛选的模型化合物分为两大类，即不含杂原子的噻吩类模型化合物和包含杂原子的噻吩类模型化合物。

不含杂原子的噻吩类模型化合物结构中只有C、H、S三种元素，在该类模型化合物的选择中，根据与噻吩结构直接相连的官能团类型，将其细化为脂肪族噻吩类模型化合物、芳香族噻吩类模型化合物和有其他含硫官能团的模型化合物。考虑模型化合物分析极化的作用及含硫大分子结构模型中含有较多的支链，脂肪族噻吩类模型化合物以脂链长度为主要选择标准；芳香族噻吩类模型化合物的选择参照煤的芳环取代和缩合度，以苯环个数为主要参考标准。

脂肪族噻吩类模型化合物选择了3-甲基噻吩和3-十二烷基噻吩；芳香族噻吩类模型化合物选择的是苯并噻吩、二苯并噻吩和四苯基噻吩；有其他含硫官能团的模型化合物依次是噻吩-2-硫醇、双(2-噻吩基)二硫。

除了构成煤骨架的主要元素外，煤中还有很多杂原子。杂原子模型化合物是指除了C、H、S之外，还包含其他原子的存在，如O、N等。在杂原子模型化合物的选择中，着重考虑杂原子在新阳煤结构中的主要赋存基团，包括—NO_2、—NH、—CHO、—COOH等。模型化合物选择2-硝基噻吩、3-噻吩甲酸、噻吩-2,3-二甲醛、二苯并噻吩砜。模型化合物的名称、结构详见表3-13。

表3-13　噻吩类模型化合物选择及结构

噻吩硫模型化合物分类	名　称	分子式	分子结构
脂肪族噻吩类模型化合物	3-甲基噻吩	C_5H_6S	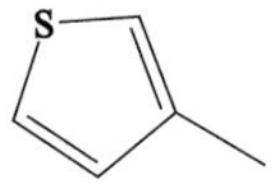 S
	3-十二烷基噻吩	$C_{16}H_{28}S$	 S
芳香族噻吩类模型化合物	苯并噻吩	C_8H_6S	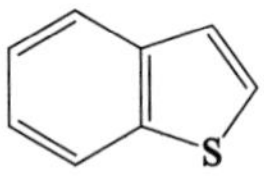 S
	二苯并噻吩	$C_{12}H_8S$	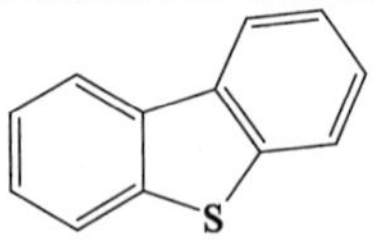 S
	四苯基噻吩	$C_{28}H_{20}S$	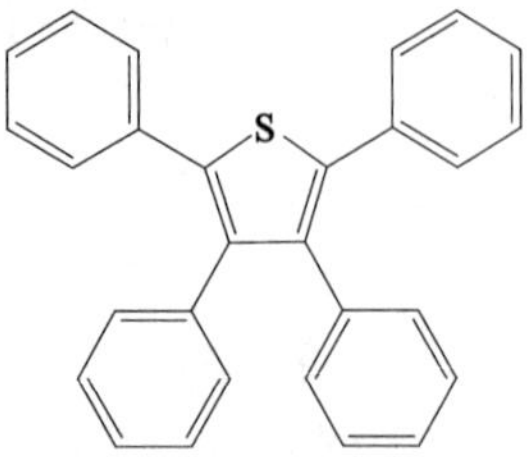 S

续表 3-13

噻吩硫模型化合物分类	名称	分子式	分子结构
有其他含硫官能团的模型化合物	噻吩-2-硫醇	$C_4H_4S_2$	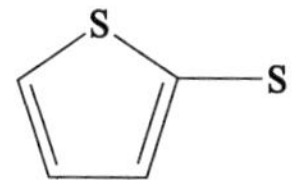
	双(2-噻吩基)二硫	$C_8H_6S_4$	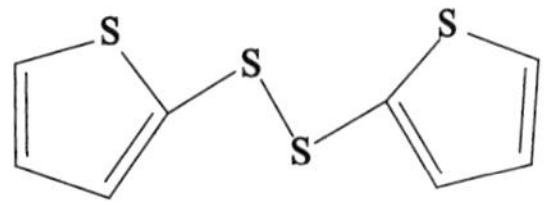
杂原子模型化合物	2-硝基噻吩	$C_4H_3NO_2S$	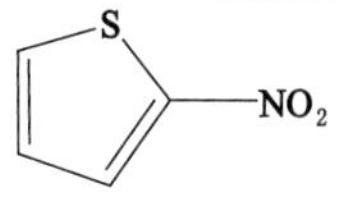
	3-噻吩甲酸	$C_5H_4O_2S$	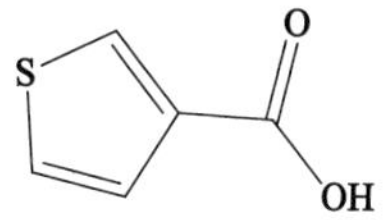
	噻吩-2,3-二甲醛	$C_6H_4O_2S$	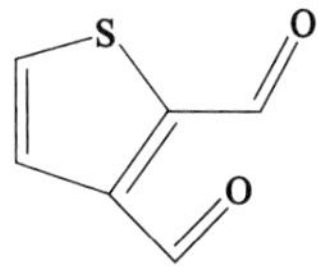
	二苯并噻吩砜	$C_{12}H_8O_2S$	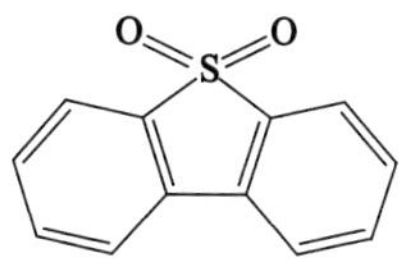

3.6　本章小结

(1) FTIR 分析结果显示，炼焦煤中羟基主要以与芳香环上的 π 电子形成的羟基 π 氢键、自缔合羟基氢键和羟基醚氢键形式存在，占羟基总量较大比例的多聚体是煤结构中缔合结构的具体表现；次甲基、甲基、亚甲基的含量依次增加，亚甲基占脂肪烃总量的 60%左右，说明煤中烷基侧链较多；苯环二取代、苯环三取代是芳香烃的主要结构，占芳香烃总量的 80%以上。羟基和羰基是炼焦煤中含氧官能团的主要组成基团。新阳煤的芳氢率、芳碳率和脂肪烃支链长度为 0.19、0.69 和 0.25。

(2) 根据 XPS 分析结果，炼焦煤中碳结构芳构碳(C—C)含量最高，其次是脂构碳(C—H)，酚碳和醚碳(C—O)、羧基(COO—)在煤样中的含量较少，表示煤中烷基侧链较多；醚基和羟基是煤中有机氧的主要赋存形式，其中，羟基是煤中氧的最主要基团；吡啶、吡咯和氮氧化物为氮在炼焦煤中的主要形态，镶嵌于煤分子多重芳香结构单元内部的吡啶型氮很少，绝大多数氮分布于煤分子结构单元的边缘。

(3) 通过对炼焦煤的 ^{13}C—NMR 分析获知，芳碳率和芳氢率分别为 0.73 和 0.18，与 FTIR 分析结果非常接近；芳核平均结构尺寸 X_b 为 0.40。

(4) 在获取以上结构参数的基础上,构建含有 184 个碳原子的炼焦煤含硫大分子结构模型。

(5) 以炼焦煤含硫大分子结构模型为依据,结合煤中不同原子和结构对噻吩硫含硫键的作用和影响,从不含杂原子和包含杂原子两个方面筛选与煤中噻吩硫结构相匹配的 11 种模型化合物。

4 炼焦煤及噻吩硫模型化合物介电性质

4.1 介质微波段介电参数及测试方法

4.1.1 介质复介电常数

物质根据导电性能一般分为三类：导体、半导体和绝缘体，绝缘体又称电介质，其原子中的电子被束缚在其轨道上，通常不发生导电现象。电介质在电场作用下会产生极化和弛豫两种现象。极化现象是在外电场作用下，电介质表面或内部出现电荷的过程。外加电场消失后，介质中的电荷分布逐渐恢复为原始状态，这个恢复过程称为弛豫现象[219]。由多种成分构成的煤粉是一种特殊的电介质。

现实中的电介质并非理想介质，都具有一定的损耗，因此其介电常数一般是复数形式，相对于真空介电常数的介电常数值称为相对复介电常数，用 ε 表示，简称介电常数。介电常数 ε 是反映介质极化后电荷分布情况的一个常量，任何物质的宏观电学性质都用其介电常数来描述。不同的电磁波波段的介电常数有着不同的物理机制，在微波波段主要是电介质内部偶极子在交变电场作用下的振动引起的[220]。ε 随极化方式的改变而改变，介质受极化的能力越强，ε 就越大。在微波化学中，微波对化学反应的促进程度完全取决于反应物分子与微波发生相互作用的能力，要达到理想的效果，必须充分了解微波与反应体系相互作用的特性，这一特性集中体现在化学反应体系的复介电常数上。

$$\varepsilon = \varepsilon' - j\varepsilon'' = \varepsilon' - j\sigma/\omega \tag{4-1}$$

式中，ε' 和 ε'' 分别是介电常数的实部和虚部；j 是虚数单位；σ 为电介质的电导率；ω 为电磁波的圆频率。ε' 为复介电常数实部，也称为相对介电常数，代表介质反射的电磁能。ε'' 也叫损耗因子，介质对电磁波不仅有存储效应，同时也会产生相应的损耗，ε'' 代表介质消耗的电磁能。

煤炭微波脱硫的理论依据主要是根据不同介质具有吸收不同频率微波能的物理性质。宏观上，介质和微波能之间的相互作用可用式(4-2)表示：

$$P = 55.63 \times 10^{-12} fE^2 \varepsilon'' \tag{4-2}$$

式中，P 为吸收的功率；f 为应用的频率；E 为电磁场强度。从式(4-2)可以看出，在电场强度和微波频率固定的条件下，由介质吸收而引起的微波能损耗与该介质复介电常数虚部 ε'' 成正比[221]。

在交变电场介电损耗的理论中，ε' 依赖于交变电场频率，只有当频率趋于零时，ε' 才可以看成是静态介电常数。因此，在非理想介质的介电性质中，ε' 是无功分量，ε'' 是有功分量[222]。当介质处于交变电场中，介质被极化后电荷发生移动，在移动过程中，相邻电荷之间会产生摩擦，使电磁能转化为热能，转化的多少用损耗角正切值 $\tan\delta$ 来衡量[223]，即吸波材料对入射电磁波的损耗，表示为复介电常数虚部与复介电常数实部的比值，通过德拜方程进行计算，见式(4-3)。

$$\tan\delta = \varepsilon''/\varepsilon' = (\varepsilon_s - \varepsilon_\infty)\omega\tau/(\varepsilon_s + \varepsilon_\infty\omega^2\tau^2) \tag{4-3}$$

德拜方程建立了复介电常数与频率的关系，式中，ω 是正弦波交变电场的频率；ε_s 和 ε_∞ 分别代表 $\omega=0$ 和 $\omega\rightarrow\infty$时的 ε'，ε_s 称为静态相对介电常数，ε_∞称为光频介电常数，表示低频和光频下电子极化对介电常数的贡献；τ 为弛豫时间；$\tan\delta$ 值代表了介质与微波的耦合能力，是判断介质吸波能力强弱的主要参数，$\tan\delta$ 值越大，表示介质的吸波能力越强。一般而言，工业领域将 $\tan\delta$ 值达到 10^{-2}数量级的物质称为较高损耗介质，$\tan\delta\geqslant 0.1$ 的称为高损耗介质[224]。

4.1.2 测试方法

目前介电常数的研究主要有两种方法：一种是利用微观统计方法，通过极化机理进行计算，得到介质的介电参数；另一种是通过试验方法对介质的介电参数进行测量。其中，介质介电参数的测量方法主要有传输反射法[225]、谐振法[226]、时域测量法[227]和自由空间法[228]。复介电常数的测量方法应用最广泛的是传输反射法和谐振法。

(1) 传输反射法

传输反射法具有较高精度、操作简单、测量频段宽、测量样品长度不限等优点[229]。传输反射法将待测物质放入同轴传输线或波导中进行测量，根据夹具和测量座的不同，可分为同轴型、矩形波导型、带线型和微带线型几类。其中，同轴型传输反射法具有测量频带宽的特点，可测量 0.1～18 GHz 频率范围内介质的复介电常数，且需要的样品量少。矩形波导型传输反射法一般用于测量厘米波段的电磁参数，其测量频带较窄、样品用量较多。同轴夹具和波导夹具见图 4-1。带线型和微带线型传输反射法对测量盒的加工精度要求很高。因此，同轴型传输反射法应用最为广泛。其测量方法是将被测样品贴紧同轴探头的开路端，通过矢量网络分析仪获取同轴传输系统的反射系数 S11 和透射系数 S21，再利用相应的关系式计算出微波介质材料复介电常数[230]。该方法可以通过将金属法兰盘连接同轴探头的开路端来提高测量精度，具有非破坏性和通用性强等特点。

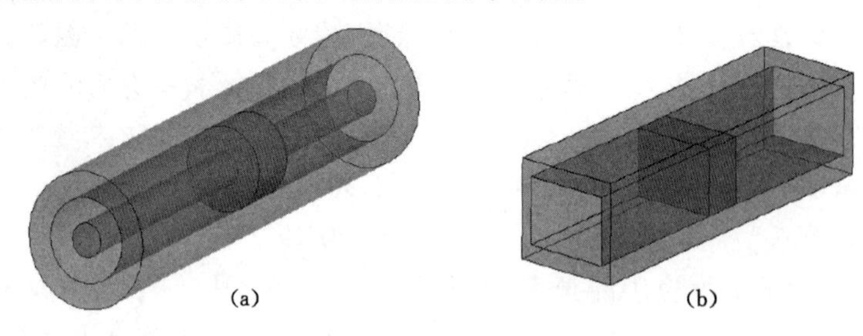

图 4-1 夹具示意图
(a) 同轴夹具；(b) 波导夹具

(2) 谐振法

谐振法也是主要应用于测量低损耗介质的复介电常数，其优点是准确度高。由于谐振腔材料本身具有较大的介电常数和较低的介电损耗，使得谐振法对材料介电特性测试的精度可达到0.1%。但为了保证测量精度,固体介质的结构尺寸和耦合装置的设计必须非常精确,导致谐振法所能测量的频带范围较窄,且样品的尺寸较小。常用的谐振腔有圆柱谐振腔、环形谐振腔和矩形谐振腔。

4.2　2～18 GHz频段炼焦煤及噻吩硫模型化合物介电性质

采用具有测试频段宽的优点的同轴型传输反射法,测试2～18 GHz频段煤及模型化合物介电性质,测试在电子科技大学完成,测试设备见图4-2。

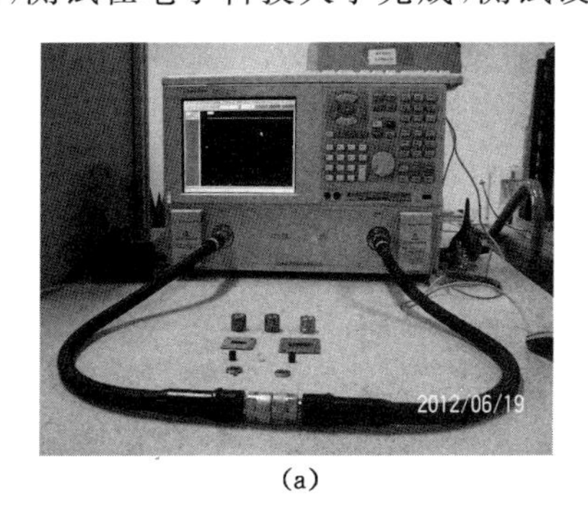

(a)

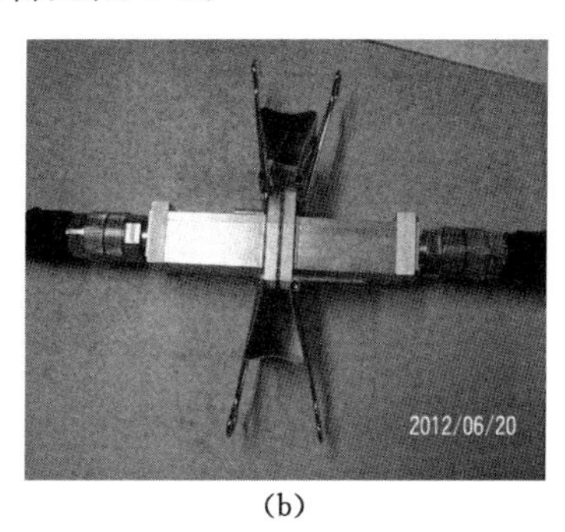

(b)

图4-2　同轴型传输反射法设备

(a) Agilent E8363A矢量网络分析仪;(b) 测试夹具

测试仪器是Agilent E8363A矢量网络分析仪,温度0 ℃,环境湿度0.0%,大气压力86～106 kPa。固体样品与石蜡按质量比1∶1在加热条件下混合均匀,凝固后制样,样品厚度为2.0 mm,液体样品可直接注入。同轴测试夹具通过两根同轴电缆与矢量微波网络分析仪的两个端口连接,测量前先系统校准,然后将样品置于夹具中,通过矢量网络分析仪测试复介电常数。夹具外导体内径为7.0 mm,内导体外径为3.0 mm。测试误差:$\Delta\varepsilon'/\varepsilon' \leqslant 1.0\%$,$\tan\sigma \leqslant 3\%\tan\sigma + 3.0\times10^{-5}$。

4.2.1　2～18 GHz频段炼焦煤介电性质

对山西新峪、新阳和新柳三个炼焦精煤样进行2～18 GHz频段的复介电常数测试,获取不同频率下样品的复介电常数实部ε'和虚部ε'',复介电常数频谱分别见图4-3、图4-4和图4-5。煤是一种成分和结构都极其复杂的物质,显然不是理想的电介质,因此,随着微波频率的变化,不同煤样ε'和ε''的变化规律呈现出很大的差异。

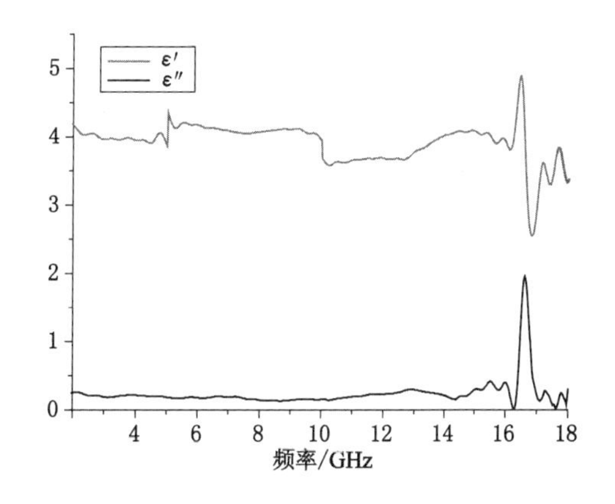

图4-3　新峪精煤复介电常数频谱

除去最低频段和最高频段的测试误差区,三种高硫炼焦精煤样品的复介电常数频谱中,ε''的最大值均出现在高频段。新峪、新阳和新柳的ε''最大值对应的频率分别在16.62 GHz、

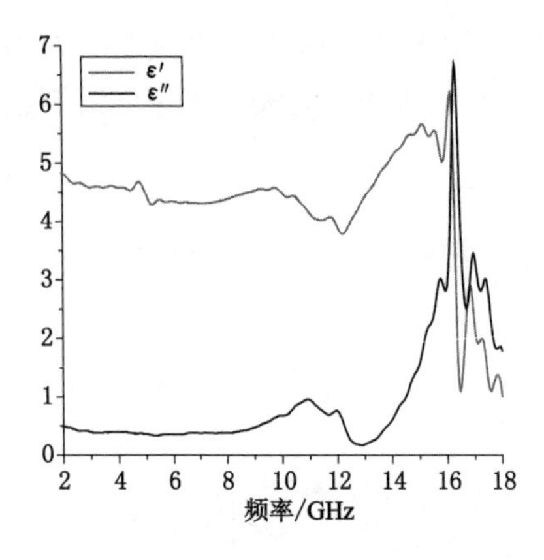

图 4-4　新阳精煤复介电常数频谱

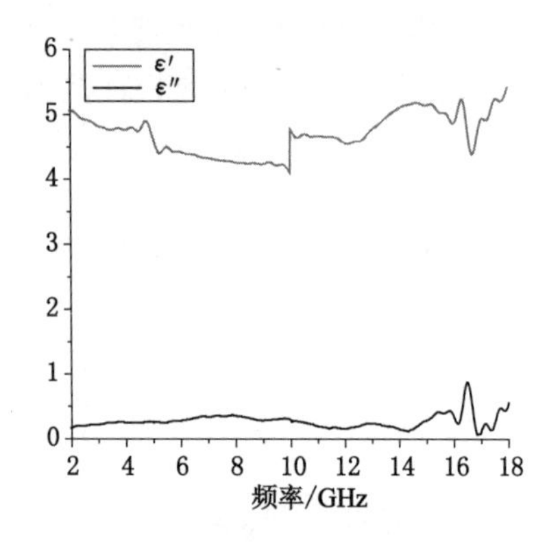

图 4-5　新柳精煤复介电常数频谱

16.30 GHz 和 16.52 GHz，频率比较接近。但是，ε″最大值差别很大，新峪、新阳和新柳煤的ε″最大值值分别为 1.96、6.68 和 0.88。新阳煤复介电常数实部、虚部随频率变化较大，是唯一一个在局部频段 ε″值大于 ε′值的样品。新峪和新柳煤的介电常数随微波频率的变化较为平缓，尤其是新柳煤，在 2～18 GHz 频段，其 ε″值始终在 1.00 以下。

损耗角正切值是电介质吸波能力的直接体现，为了进一步探讨高硫炼焦煤的介电性质，利用式(4-3)计算得到煤样的损耗角正切值 tan δ，2～18 GHz 频段 tan δ 随微波频率的变化规律见图 4-6。

通过对三个样品的介电参数测试，获取了在 2～18 GHz 频段内高硫炼焦煤对微波的吸收随微波频率变化的规律。虽然煤样的吸波能力不同，但煤样随微波频率反映出的吸波能力的变化趋势是基本一致的，在高频段均出现了一个较强峰，而最大吸收峰均出现在 16～17 GHz 频段。新峪、新阳和新柳煤损耗角正切最大值对应的微波频率分别是 16.69 GHz、16.43 GHz 和 16.53 GHz，与三个煤样出现 ε″最大值处的频率几乎相同。考察炼焦煤的 tan δ 值可以发现，局部区域的 tan δ 很高，新阳煤 tan δ 最大值超过 4。一般认为，物料的损耗角正切值超过 0.1 就说明其在该频率对微波的吸收能力比较强。新峪、新柳 tan δ 最大值也分别达到 0.57、0.18。为了更准确地分析山西炼焦煤在一定宽频范围内的损耗角正切值，舍弃高频的高吸收区，结果见图 4-7。

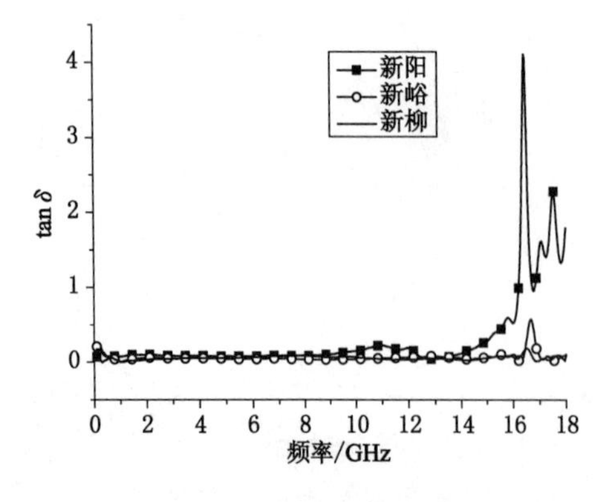

图 4-6　高硫煤样 tan δ 随频率变化图

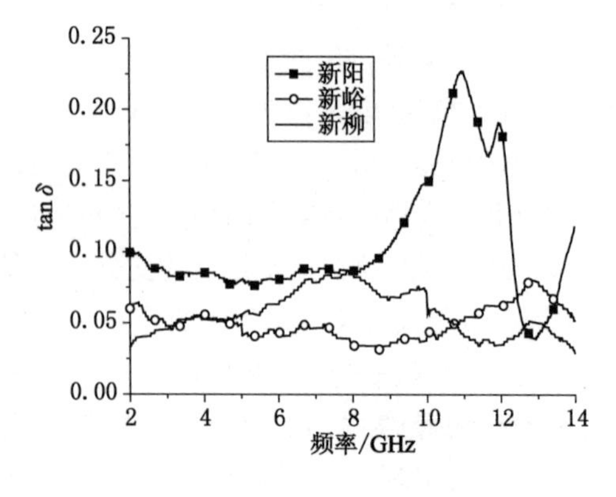

图 4-7　2～14 GHz 煤样 tan δ 随频率变化图

根据 2～14 GHz 频段图 tan δ 的数据和变化趋势，可知 3 种煤样在 2～18 GHz 大部分频段内的 tan δ 值处在 2.5×10^{-2}～1.0×10^{-1} 范围内，局部频段，主要是在高频段的 tan δ 值高于 0.1。说明山西炼焦煤对微波具有较强的吸收能力，是一种存在较好吸波特性的电介质，这对于开展微波脱硫的试验是一个利好因素。

鉴于煤的高度不均一特质，为了进一步探索煤中含硫组分对微波的介电损耗，选择煤质特性与山西煤较为接近但硫含量较低的淮南炼焦煤样进行复介电常数测试，并做对比分析。淮南煤样的煤质分析数据见表 4-1。

表 4-1　　淮南炼焦精煤煤质分析

煤样	工业分析				元素分析					形态硫		
	M_{ad}/%	A_{ad}/%	V_{ad}/%	FC_{ad}/%	C_{daf}/%	H_{daf}/%	O_{daf}/%	N_{daf}/%	S_{daf}/%	$S_{s,daf}$/%	$S_{p,daf}$/%	$S_{o,daf}$/%
淮南	1.22	14.68	25.56	58.54	87.33	4.36	6.68	1.25	0.38	0.09	0.12	0.17

淮南炼焦精煤中全硫为 0.38，属于低硫煤。淮南炼焦精煤复介电常数频谱见图 4-8，4 种煤样损耗角正切值随微波频率的变化曲线见图 4-9。可见，淮南煤与山西煤 ε″、tan δ 最大值及最大值对应的频段均有很大的差别。

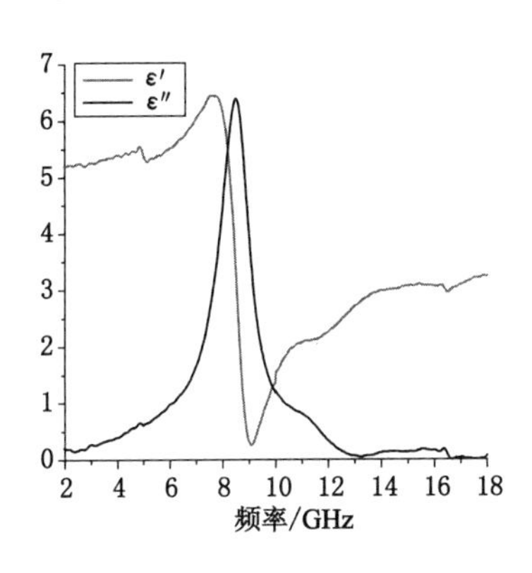

图 4-8　淮南精煤复介电常数频谱

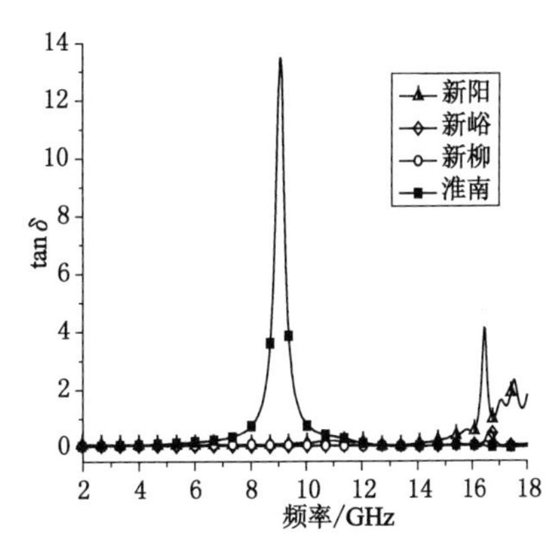

图 4-9　炼焦煤样 tan δ 随频率变化图

在 5.5～11 GHz，淮南煤复介电常数虚部 ε″出现了一个明显的宽频峰，其 ε″最高值出现在 8.49 GHz，且在 8.20～9.90 GHz 频段，ε″值大于 ε′值。淮南低硫炼焦煤损耗角正切值在 8.0～10.0 GHz 频段也出现了一个宽峰，tan δ 最大值出现在 9.05 GHz，达到了 13.48，远高于山西煤的 tan δ 最大值。但需要指出的是，在 2～18 GHz 大部分频段内，淮南煤的 tan δ 值是低于山西煤的，最低值甚至达到了 10^{-4} 数量级，且根据图 4-10 的分析，淮南煤在高频段没有出现吸收峰。因此，低硫煤与高硫煤在 2～18 GHz 频段内的介电性质有着显著的不同。即使同为山西高硫炼焦煤，不同煤样在不同频率下将微波能转化为热能的能力也不尽相同。而低硫煤在 2～18 GHz 范围内所体现出的吸波能力的变化幅度要远高于高硫煤，在局部频段内，低硫煤对微波的吸收高于高硫煤，但在多数频段内，其与微波的耦合作用又远低于高硫煤。

通过对炼焦煤介电性质的分析，可以确定，山西高硫炼焦煤是一种介电损耗值较高的电

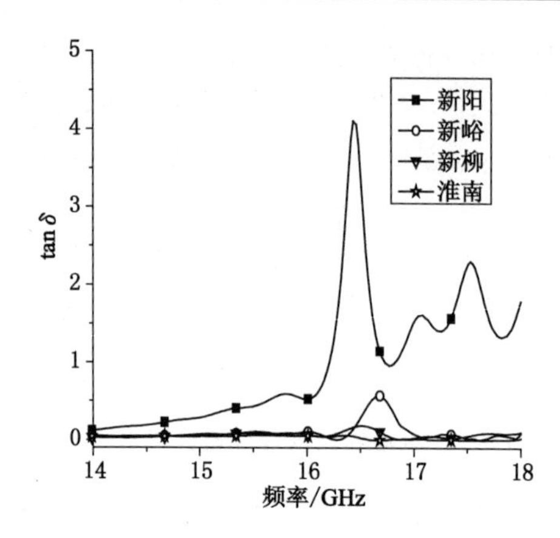

图 4-10　14～18 GHz 煤样 tan δ 随频率变化图

介质，具有较强的吸收转化微波能的能力。炼焦煤的 ε″和 tan δ 值随频率的变化规律相近。根据 tan δ 出现最大值对应的频率，推测高硫煤对微波的最佳吸收频率出现在较高频段。通过高硫煤和低硫煤介电谱的比较分析，煤中含硫组分对微波的吸收有一定的宏观体现。但由于煤是一种高度不均一的复杂物质体系，煤结构受到成煤条件、化学作用、煤化程度等诸多因素的影响，煤样的介电性质测试结果并不能准确反映煤中含硫结构对微波的吸收特征，炼焦煤中不同的含硫基团对微波能的转化是基于热效应还是非热效应，需要做进一步的探索。因此，利用筛选的有机硫模型化合物进行下一步的研究。

4.2.2　2～18 GHz 频段噻吩硫模型化合物介电性质

ε″和 tan σ 分别代表介质的介电损耗和介质将微波能转化为热能，并因此改变化学反应进程的能力。相较于煤而言，模型化合物成分单一，结构简单，远比煤样接近于理想介质。

(1) 不含杂原子脂肪族噻吩硫模型化合物介电性质

3-甲基噻吩和 3-十二烷基噻吩在 2～18 GHz 频率范围内的复介电常数虚部 ε″和损耗角正切值 tan δ 随频率变化分别见图 4-11 和图 4-12。

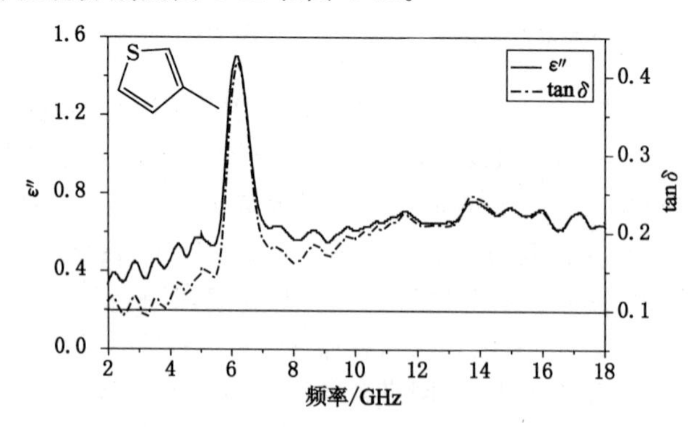

图 4-11　3-甲基噻吩 ε″、tan δ 随频率变化曲线

3-甲基噻吩的 ε″和 tan δ 值在 5.5～7.2 GHz 区域均出现了一个明显的凸起峰，ε″和 tan δ 的最大值分别为 1.51 和 0.42，对应的频率分别是 6.16 GHz 和 6.22 GHz，说明 3-甲

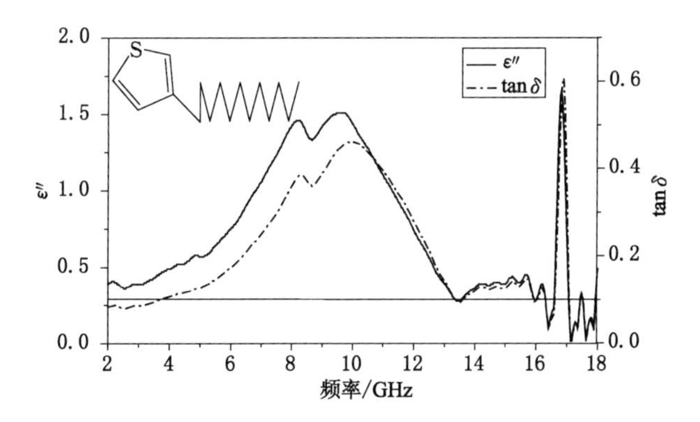

图 4-12　3-十二烷基噻吩 ε″、tan δ 随频率变化曲线

基噻吩在 2～18 GHz 区域内的最佳吸收频率在 6.20 GHz 附近。同时应该注意到，3-甲基噻吩的 ε″和 tan δ 值在 0～3 GHz 的低频段和 14 GHz 附近的高频段也有较为明显的吸收峰群。根据图 4-11 中标出的直线，发现 3-甲基噻吩的 tan δ 值几乎全部大于 0.1，可以判断出 3-甲基噻吩具有较强的微波损耗。

3-十二烷基噻吩的介电谱图与 3-甲基噻吩有很大的差异，虽然 3-十二烷基噻吩在 2～18 GHz 区间的大多数频段内也具有较强的微波吸收，但其损耗角正切值出现了 2 个吸收峰，一个是跨度达到 8 GHz 左右的超宽峰，一个是在 16.4～17.1 GHz 频段出现的尖峰。虚部和损耗角正切值的最大值及其对应的频率分别为 1.65 GHz、16.79 GHz，0.61 GHz，16.87 GHz。

根据对脂链长度不同的两种脂肪族噻吩类模型化合物介电性质的分析，发现脂链长度对噻吩结构的介电参数具有影响。

（2）不含杂原子芳香族噻吩硫模型化合物介电性质

芳香族噻吩类模型化合物选择了苯并噻吩、二苯并噻吩和四苯基噻吩进行介电测试，ε″和 tan δ 值随频率的变化曲线分别见图 4-13、图 4-14 和图 4-15。

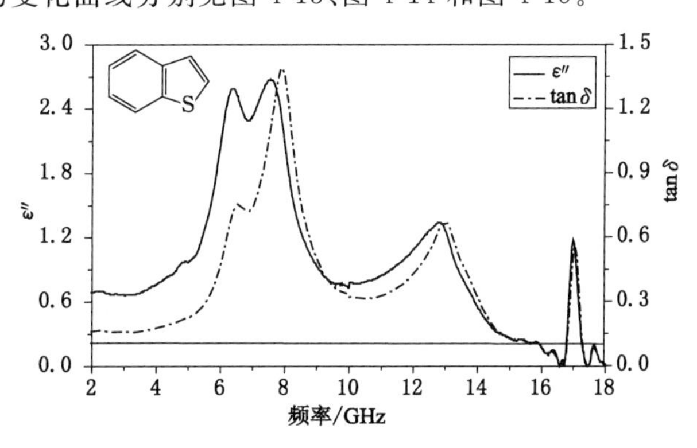

图 4-13　苯并噻吩 ε″、tan δ 随频率变化曲线

图 4-13 中出现了 3 个明显的吸收峰，分别是在 5.4～9.3 GHz 区域出现的马蹄峰，10.9～13.5 GHz 出现的宽峰和 16.8～17.3 GHz 区域出现的尖峰。ε″的三个峰值依次是 2.68、1.34、1.16，分别出现在 7.54 GHz、12.85 GHz、16.99 GHz，tan δ 的三个峰值依次为 1.39、

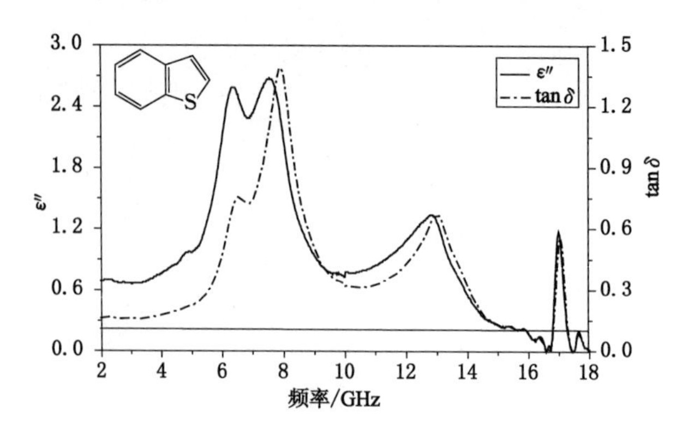

图 4-14　二苯并噻吩 ε″、tan δ 随频率变化曲线

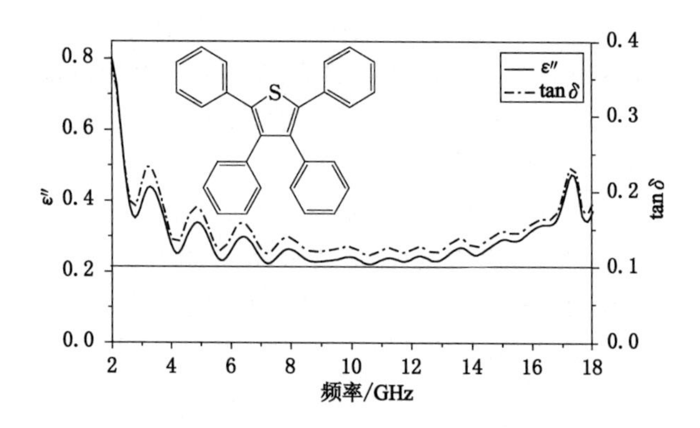

图 4-15　四苯基噻吩 ε″、tan δ 随频率变化曲线

0.67、0.56，对应的频率分别为 7.87 GHz、13.01 GHz、17.09 GHz。苯并噻吩的 tan σ 值随频率变化幅度很大，虽然在大部分频段内反映出其与微波具有较强的耦合能力，但在局部高频段，其 tan δ 值降到了 10^{-3} 数量级。

二苯并噻吩的 ε″和 tan δ 值在 10.68 GHz 处出现了一个断崖式的低谷，而在其两侧是两个大宽峰，这在已测介电参数的样品中是没有出现过的。两个宽峰的峰值对应的频点分别是 10.25 GHz 和 12.33 GHz，tan δ 值分别为 0.12 和 0.09，二苯并噻吩的 tan δ 值在测试的绝大多数频段内低于 0.1。相较于苯并噻吩，二苯并噻吩在绝大多数频点对微波的吸收要弱一些，但 tan δ 值随微波频率的振荡范围小于苯并噻吩，在高频段，二苯并噻吩体现出了比苯并噻吩更强的吸波性能。

四苯基噻吩测试图谱中 ε″和 tan δ 随频率的整体变化趋势较为平缓，只在低频和高频两个区域出现了两个小峰，除去测试边缘误差区，ε″和 tan δ 值最高峰出现在 3.3 GHz 和 17.3 GHz 两个频点附近，两处的 tan δ 值最大值均为 0.23。整个测试频段内，四苯基噻吩的损耗角正切值处在 0.1～0.4 的波动范围，振荡幅度远低于苯并噻吩和二苯并噻吩，说明四苯基噻吩对微波的吸收能力受频率的影响相对较小，同时，四苯基噻吩也是一种具有较高介电损耗的物质。

与脂肪族噻吩类模型化合物相似的是，苯环结构的增多对 3 种芳香族噻吩类模型化合物在 2～18 GHz 频率范围内的吸波特性是有影响的，但并没有发现一些规律性的变化。

(3) 不含杂原子、有其他含硫官能团噻吩硫模型化合物介电性质

以上选择的均是以噻吩为硫存在形式的模型化合物，为进一步探讨含硫键对模型化合物介电性质的影响，选择噻吩-2-硫醇和双(2-噻吩基)二硫两种具有多个含硫官能团的模型化合物进行介电测试，结果见图 4-16 和图 4-17。

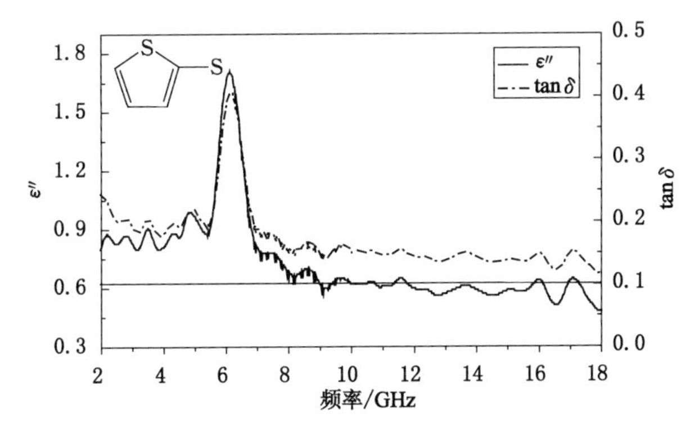

图 4-16 噻吩-2-硫醇 ε″、tan δ 随频率变化曲线

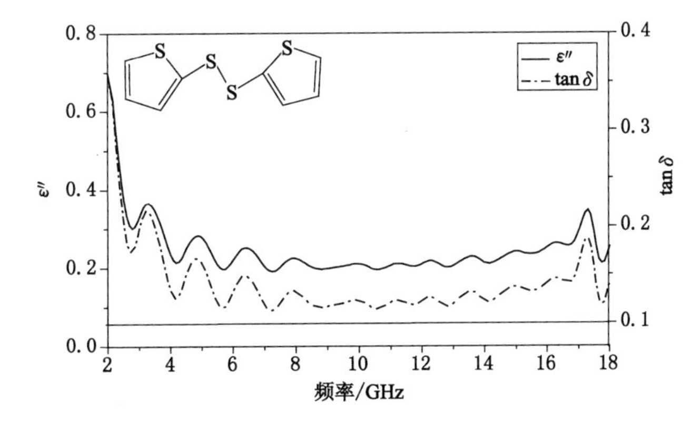

图 4-17 双(2-噻吩基)二硫 ε″、tan δ 随频率变化曲线

噻吩-2-硫醇的 ε″和 tan δ 值随频率的变化特征及振荡区间与 3-甲基噻吩相似，在 5.5～6.8 GHz 区域出现了一个吸收峰，同时在低频区间有一个小峰群。在 6.16 GHz 频点附近 ε″和 tan δ 出现的峰值分别是 1.71 和 0.41，频点和峰值与 3-甲基噻吩都非常接近，因此，判断两种模型化合物的介电性质相似。不同的是，两者的介电损耗受微波频率的影响不同，噻吩-2-硫醇在低频段的 ε″和 tan δ 值高于高频段，而 3-甲基噻吩刚好相反。

双(2-噻吩基)二硫介电性质在 2～18 GHz 频率内的变化规律与四苯基噻吩相似，主要的吸收区间也是出现在低频段和高频段，不同的是双(2-噻吩基)二硫 tan δ 最大值出现在 3.2 GHz 附近，达到 0.22，高于高频段的峰值 0.19。

基于对 7 种不含杂原子噻吩类模型化合物在 2～18 GHz 频段介电性质的测试和分析，模型化合物的介电损耗随微波频率的变化而变化；7 种模型化合物均具有较强的微波吸收和转化能力，属于高损耗电介质，与煤样的介电损耗特征一致。在整个测试区间，模型化合物与作为一种复杂混合物的煤对微波的吸收峰较为单一不同，每种模型化合物对微波的吸

收能力随频率的变化体现出了明显的个性特征，但都出现了多个吸收峰或者是吸收峰群，介电损耗最强处对应的频点并不固定，可归纳为 2～4 GHz 的低频、6～10 GHz 中频和 16～18 GHz 高频三个区域。

（4）含杂原子噻吩硫模型化合物介电性质

不同的原子构成对介质的极化作用影响很大，因此，考察含杂原子噻吩类模型化合物的介电性质是本研究关于模型化合物介电性质分析，考察介电性质与极性关系的重要内容。2-硝基噻吩、3-噻吩甲酸、噻吩-2，3-二甲醛、二苯并噻吩砜 4 种模型化合物的介电频谱图分别见图 4-18、图 4-19、图 4-20 和图 4-21。

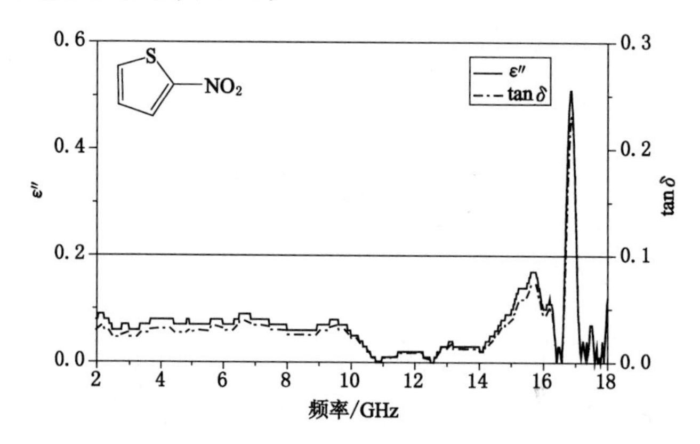

图 4-18　2-硝基噻吩 ε″、tan δ 随频率变化曲线

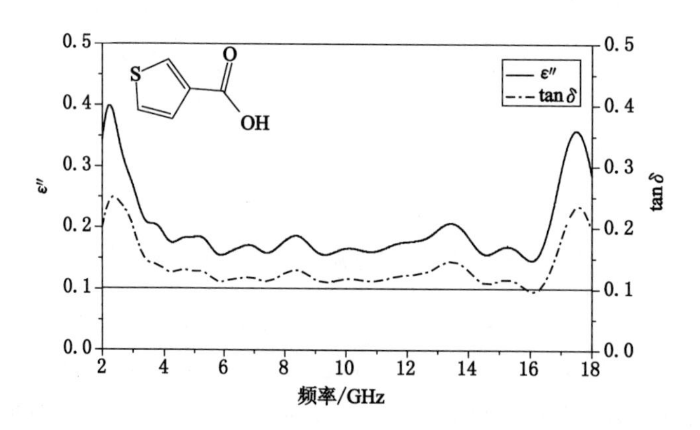

图 4-19　3-噻吩甲酸 ε″、tan δ 随频率变化曲线

除 2-硝基噻吩外，其他 3 种模型化合物的损耗角正切值在 2～18 GHz 频段几乎都大于 0.1。对含杂原子的噻吩类模型化合物的 ε″和 tan δ 峰值及吸收峰频段进行整理，结果见表 4-2。

根据表 4-2 的数据，4 种含有杂原子的噻吩类模型化合物 ε″ 和 tanδ 值在 2～18 GHz 都有两个明显的吸收峰，但吸收峰的频率位移存在差异。4 种模型化合物在高频段都有一个吸收峰，但 3-噻吩甲酸和噻吩-2，3-二甲醛在低频段还有一个吸收峰，而 2-硝基噻吩和二苯并噻吩砜的另一个吸收峰分别出现在 14.0～16.4 GHz 和 6.0～7.6 GHz，且二苯并噻吩砜在 2.0 GHz 处有一个半峰。3-噻吩甲酸、噻吩-2，3-二甲醛、二苯并噻吩砜在测试频段具有

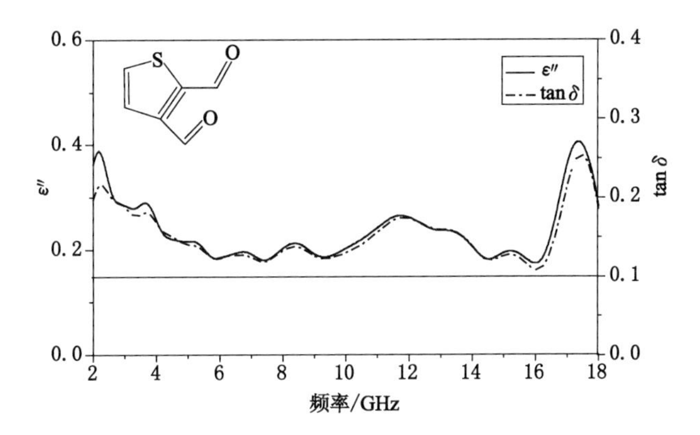

图 4-20 噻吩-2,3-二甲醛 ε″、tan δ 随频率变化曲线

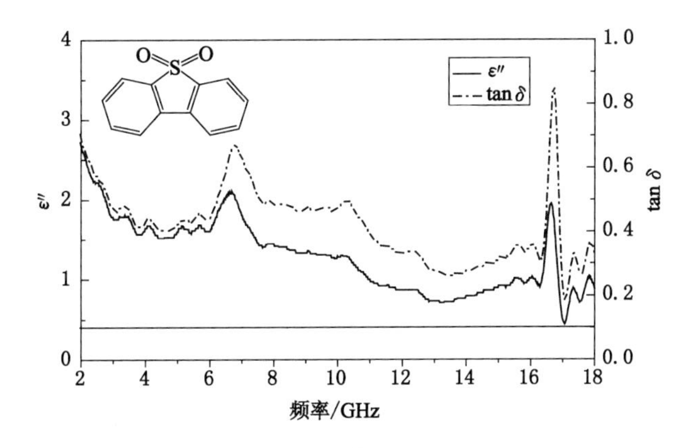

图 4-21 二苯并噻吩砜 ε″、tan δ 随频率变化曲线

较高的介电损耗，tan δ 值为 10^{-1}量级，而 2-硝基噻吩在绝大部分频段的损耗角正切值低于 0.1，且在整个测试区域内的波动幅度很大，tan δ 值最低降到了 10^{-3}量级，说明 2-硝基噻吩的吸波能力受微波频率影响较大。

表 4-2　　含杂原子噻吩类模型化合物 ε″、tan δ 的峰区域和峰值

模型化合物	峰区域 /GHz	ε″峰值	ε″峰位置 /GHz	tan σ 峰值	tan σ 峰位置 /GHz
$C_4H_3NO_2S$	14.0～16.4	0.17	15.70	0.07	15.73
	16.6～17.1	0.51	16.86	0.23	16.89
$C_5H_4O_2S$	2.0～3.4	0.40	2.22	0.25	2.36
	16.1～18.0	0.36	17.50	0.24	17.56
$C_6H_4O_2S$	2.0～2.8	0.39	2.16	0.22	2.25
	16.0～18.0	0.41	17.33	0.25	17.44
$C_{12}H_8O_2S$	6.0～7.6	2.10	6.68	0.66	6.77
	16.3～17.0	1.94	16.64	0.86	16.73

通过对以上 11 种模型化合物介电性质的研究，掌握了不同结构的噻吩类模型化合物介电损耗在 2～18 GHz 范围内随频率的变化规律。与煤类似的是，模型化合物 ε''和 tan δ 值随频率变化呈现出了相似的变化规律。在 16～18 GHz 的高频段，往往会出现损耗角正切的峰值；同时，在 2～3 GHz 的低频段也都有一个或高或低的吸收峰或峰群存在。因此，这两个频段内模型化合物的介电性质应该作为研究的重点。

根据国际无线电管理委员会的规定，民用微波频率包括：433 MHz、915 MHz、2 450 MHz、5 800 MHz 和 22 125 MHz。国际上普遍认同的微波波段代号和相关参数见表 4-3。基于民用微波频率的限制，模型化合物在 P、L、S 和 K 四个波段的介电性质值得深入研究。

表 4-3　　微波波段代码及相关参数

波段	频率范围/GHz	中心频率/GHz	波长范围/cm	中心波长/cm
P	0.23～1.0	—	—	—
L	1.0～2.0	1.36	30～15	22
S	2.0～4.0	3	15～7.50	10
C	4.0～8.0	6	7.50～3.75	5
X	8.0～12.5	10	3.75～2.50	3
Ku	12.5～18.0	15	2.50～1.67	3
K	18.0～26.5	24	1.67～1.11	1.25

4.3　0.1～3.0 GHz 频段炼焦煤及噻吩类模型化合物介电性质

由于目前国内常用的微波频率只有 915 MHz 和 2 450 MHz，因此，相较于高频段，介质在低频段的介电性质更具有实际意义。为了包含最常见的 915 MHz 和 2 450 MHz 两个频点，同时尽量排除测试误差的干扰，选择在 0.1～3.0 GHz 范围进行样品介电性质的测试。测试在中国矿业大学化工学院完成，测试设备是 Agilent E5071C 矢量网络分析仪，采用 FW—4A 压片机压片，校准件为 Agilent 85031B，测试微波频率为 9 kMHz～6.5 GHz，测试夹具为 7 mm 同轴空气线，特性阻抗为 50 Ω。测试设备及样品见图 4-22。

4.3.1　0.1～3.0 GHz 频段煤的介电性质

图 4-23 是新峪、新阳、新柳、淮南 4 地煤样在 0.1～3.0 GHz 频段的复介电常数虚部随频率的变化曲线图。作为低硫煤的淮南煤在该区域的 ε''与其他 3 种高硫炼焦煤有显著的区别，在 0.3～0.66 GHz 区间内，淮南煤的 ε''明显高于其他 3 种高硫煤，在 0.66～2.45 GHz 区间内，4 种煤样的 ε''值比较接近，均低于 0.5，且变化区域平稳，ε''随频率没有相对比较大的变化。排除测试边缘区域，3 种高硫炼焦煤复介电常数虚部在重点考察频段 0.30～2.45 GHz 的变化趋势也不一致，新峪煤呈现出先升高再趋稳的变化，新阳和新柳煤则出现先下降再升高，最后再平滑的趋势。

图 4-24 是 4 种煤样在 0.1～3.0 GHz 频段的损耗角正切值随频率的变化曲线图。可以

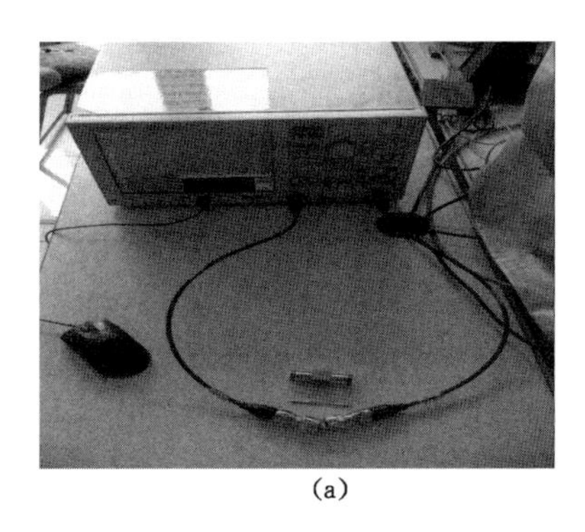
(a)

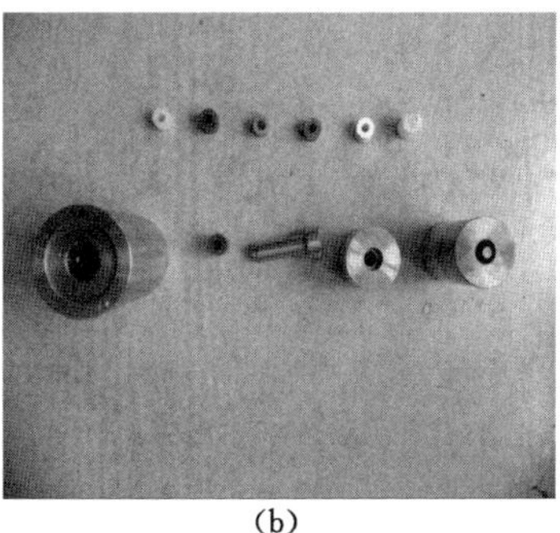
(b)

图 4-22 介电性质测试设备及样品
(a) Agilent E5071C 矢量网络分析仪;(b) 样品压片

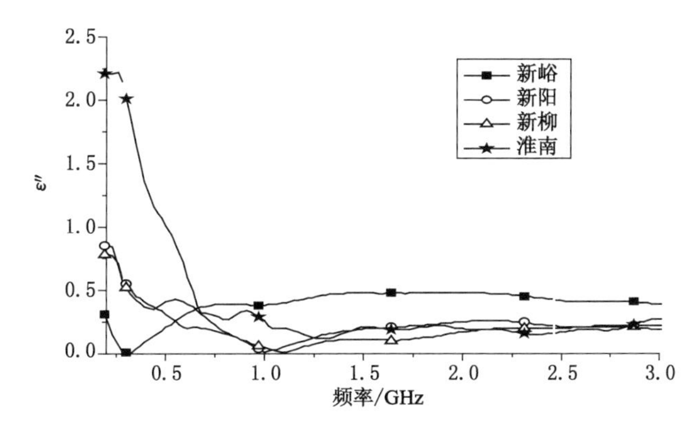

图 4-23 不同煤样 ε″在 0.1～3.0 GHz 频段变化曲线

看出,损耗角正切值和复介电常数虚部随频率变化在低频区具有较好的正相关性。从图中对 tan δ=0.1 的标注可知,在 0.1～3.0 GHz 的大部分频点煤样的 tan δ 是小于 0.1 的,这与前文得到的煤吸收能力最强的区域应该在较高频段的结论相对应。为了更准确地考察煤样在 915 MHz 和 2 450 MHz 处的微波能吸收转化能力,对图 4-24 进行处理得到图 4-25。

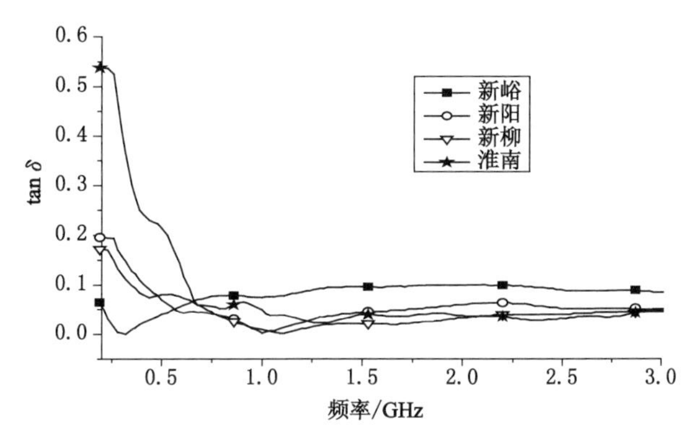

图 4-24 不同煤样 tan δ 随频率变化曲线

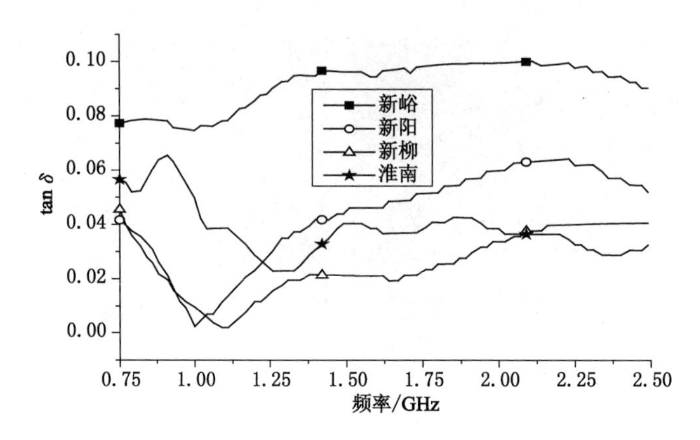

图 4-25　不同煤样在 915～2 450 MHz 频段 tan δ 变化曲线

根据图 4-25 可知，在 915～2 450 MHz 频段，4 种炼焦煤的 tan δ 均在 0.1 以下，新峪煤和淮南煤在全频段的 tan δ 值在 10^{-2} ～ 10^{-1} 波动，新阳煤和新柳煤在 1 000 MHz 附近的介电损耗比较低，处在 10^{-3} 量级。煤样在 915 MHz 和 2 450 MHz 两个频点的复介电常数虚部和损耗角正切值见表 4-4。

表 4-4　　炼焦煤在 915 MHz 和 2 450 MHz 的 ε″、tan δ 值

频率/MHz	新峪		新阳		新柳		淮南	
	ε″	tan σ	ε″	tan σ	ε″	tan σ	ε″	tan σ
915	0.39	0.08	0.09	0.02	0.09	0.02	0.34	0.06
2 450	0.43	0.09	0.23	0.05	0.20	0.04	0.16	0.03

3 种高硫煤在 915 MHz 和 2 450 MHz 两个频点的介电性质表现出了一定的规律性，ε″和 tan δ 值在 915 MHz 处均低于 2 450 MHz 处。淮南低硫煤刚好相反，在 915 MHz 频率下对微波的吸收更强。但是，此结论不足以说明煤中含硫结构在 915 MHz 处的吸波能力弱于 2 450 MHz。首先，煤在两个频点处的介电损耗相差并不大；其次，煤是极其复杂的物质体系，硫不是煤中的主要成分，即便是高硫煤，硫在煤中的相对含量也只有 3%左右，其含量和结构之于煤对微波的吸收应该不足以起到决定性作用；再次，煤介电性质的研究，除频率外，还受到温度、煤级、各向异性、煤密度、矿物组成、水等多个因素的影响[231,232]。因此，准确掌握煤中含硫组分的介电性质，需要对模型化合物的介电参数进行测试和研究。

4.3.2　0.1～3.0 GHz 频段噻吩硫模型化合物介电性质

从 4.2.2 节的内容已经知道模型化合物的复介电常数虚部和损耗角正切值随频率的变化具有较好的相关性，因此在 0.1～3.0 GHz 频段模型化合物的介电参数研究中，以复介电常数实部 ε′和损耗角正切值 tan δ 为主要研究对象，ε′一定程度上反映了物质极性，通过前者考察微波频率对物质极性的影响，后者考察物质对微波的吸收和转化能力。为了保持数据的对应和一致，选择的模型化合物与 4.2.2 中的基本相同。

(1) 不含杂原子脂肪族噻吩硫模型化合物介电性质

3-甲基噻吩和3-十二烷基噻吩的 tan δ 随频率的变化见图 4-26。与 2～18 GHz 两种模型化合物 tan δ 值出现的多峰波动和数据大小交替不同的是，3-甲基噻吩在 0.1～3.0 GHz 范围内的吸波能力高于3-十二烷基噻吩。它们在 915 MHz 和 2 450 MHz 频点的损耗及最高损耗处对应的频点见表 4-5。

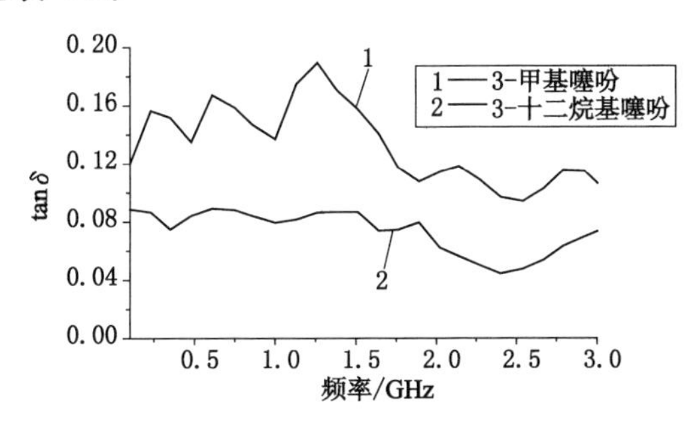

图 4-26　不含杂原子脂肪族噻吩类模型化合物 tan δ 随频率变化曲线

表 4-5　3-甲基噻吩、3-十二烷基噻吩不同频点的损耗值

	3-甲基噻吩			3-十二烷基噻吩		
频率/MHz	915	2 450	1 260	915	2 450	6 23
介电损耗 tan δ	0.143	0.096	0.190	0.082	0.045	0.089

表 4-5 的数据显示，不含杂原子脂肪族噻吩类模型化合物在 0.1～3.0 GHz 频段内 tan δ 最大值既不在 915 MHz 处，也不在 2 450 MHz 处，但 915 MHz 处的介电损耗均高于 2 450 MHz 处。

选择的模型化合物根据结构的差异具有不同的极性，ε′在一定条件下可以代表结构分子的极化度，因此，探讨 2 种模型化合物复介电常数实部的特征是必要的，ε′随微波频率的变化曲线见图 4-27。图 4-27 直观地反映了两种模型化合物极性大小的测试结果，显然 3-十二烷基噻吩具有更大的分子极性。

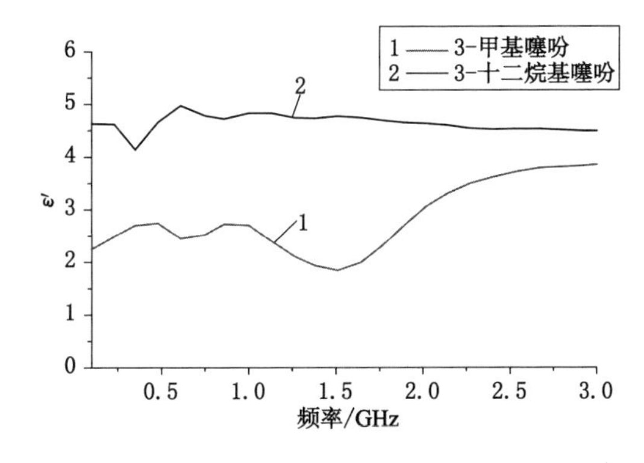

图 4-27　不含杂原子脂肪族噻吩类模型化合物 ε′随频率变化曲线

(2) 不含杂原子芳香族噻吩硫模型化合物介电性质

不含杂原子的芳香族噻吩类模型化合物除了 4.2.2 中的 3 种模型化合物外，补充了

2,2-双噻吩,测试结果见图 4-28、图 4-29。

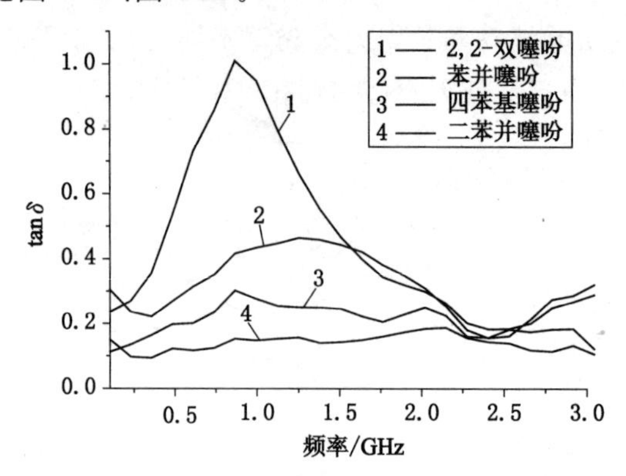

图 4-28　不含杂原子芳香族噻吩类模型化合物 tan δ 随频率变化曲线

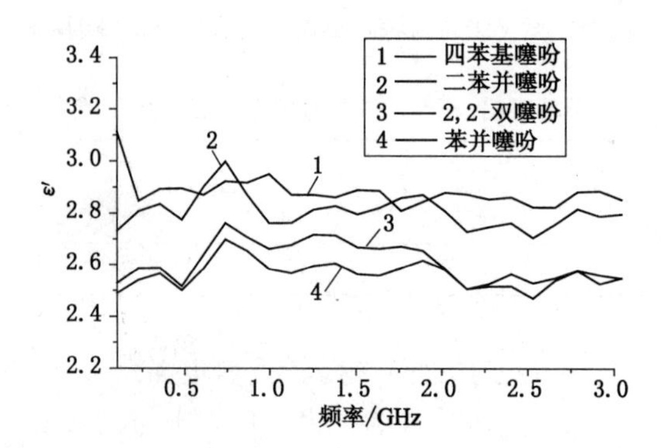

图 4-29　不含杂原子芳香族噻吩类模型化合物 ε′随频率变化曲线

在 0.1～3.0 GHz 频段内,4 种模型化合物的 tan δ 值几乎全部分布在 10^{-1} 到 1 区间,属于介电损耗比较强的介质。整体上,可以获知各种模型化合物与微波在该频段耦合能力的强弱顺序,2,2-双噻吩＞苯并噻吩＞四苯基噻吩＞二苯并噻吩。它们在不同频点处的介电参数见表 4-6。

表 4-6　不含杂原子芳香族噻吩类模型化合物不同频点的损耗值

	苯并噻吩			二苯并噻吩			四苯基噻吩			2,2-双噻吩		
频率/MHz	915	2 450	1 254	915	2 450	2 146	915	2 450	870	915	2 450	870
介电损耗 tan δ	0.423	0.164	0.463	0.150	0.143	0.194	0.288	0.172	0.303	0.992	0.191	1.012

与脂肪族噻吩类模型化合物介电性质相同的是,不含杂原子的 4 种噻吩类模型化合物在 0.1～3.0 GHz 频段内,tan δ 最大值也不在 915 MHz 和 2 450 MHz 处,且 915 MHz 处的介电损耗均高于 2 450 MHz 处。因此,这 4 种模型化合物对 915 MHz 频率微波能会有更好的吸收。

从图 4-29 可以看出趋势,4 种物质的复介电常数实部大小基本符合四苯基噻吩＞二苯并噻吩＞2,2-双噻吩＞苯并噻吩。

(3) 不含杂原子、有其他含硫官能团噻吩硫模型化合物介电性质

噻吩-2-硫醇和双(2-噻吩基)二硫在 0.1～3.0 GHz 频段的介电参数测试结果见图 4-30 和图 4-31。

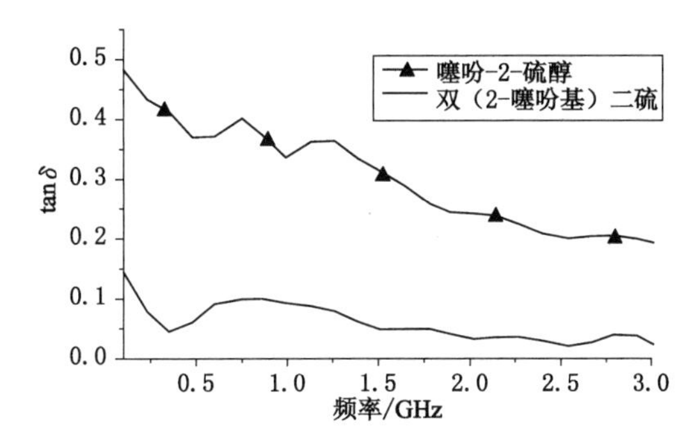

图 4-30 噻吩-2-硫醇、双(2-噻吩基)二硫 tan δ 随频率变化曲线

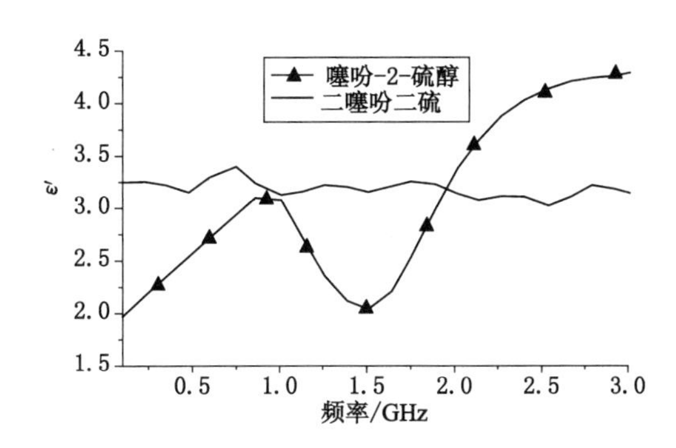

图 4-31 噻吩-2-硫醇、双(2-噻吩基)二硫 ε′随频率变化曲线

这两种电介质 tan δ 随频率的变化趋势几乎一致，随着频率的升高，介电损耗逐渐降低。不同的是，噻吩-2-硫醇的 tan δ 值在整个频段均高于双(2-噻吩基)二硫。它们在不同频率下的损耗角正切值见表 4-7。

表 4-7　　噻吩-2-硫醇、双(2-噻吩基)二硫不同频点的损耗值

	噻吩-2-硫醇			双(2-噻吩基)二硫		
频率/MHz	915	2 450	753	915	2 450	856
介电损耗 tan δ	0.358	0.206	0.401	0.097	0.026	0.101

在 tan δ 最大值的选择上，为了增强数据的可信度，减少误差干扰，噻吩-2-硫醇的取值点选择了 753 MHz，而舍弃了 tan δ 更高的 300 MHz。

噻吩-2-硫醇、双(2-噻吩基)二硫 ε′随频率变化曲线见图 4-31，两种物质 ε′的大小顺序在 1 950 MHz 处出现了交替，低于 1 950 MHz 时，噻吩 2-硫醇的 ε′小于双(2-噻吩基)二硫，高于 1 950 MHz 时，噻吩-2-硫醇的 ε′较高。从变化曲线上看，噻吩-2-硫醇的 ε′受频率的影响明显大于双(2-噻吩基)二硫。

(4) 含杂原子噻吩硫模型化合物介电性质

2-硝基噻吩、3-噻吩甲酸、噻吩-2,3-二甲醛、二苯并噻吩砜损耗角正切值和复介电常数实部在 0.1～3.0 GHz 随微波频率的变化见图 4-32 和图 4-33。

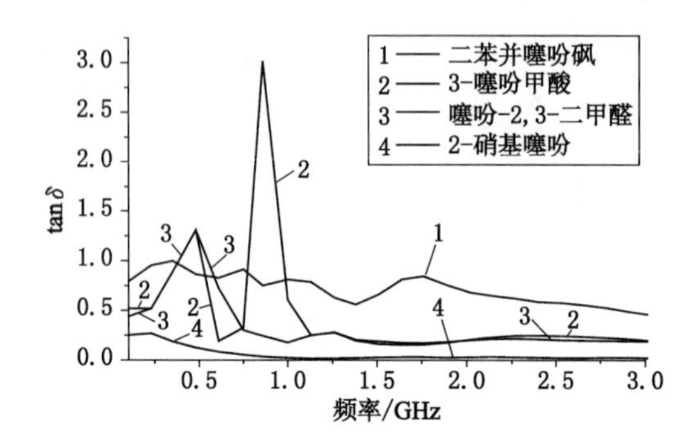

图 4-32 含杂原子噻吩硫模型化合物 tan δ 随频率变化曲线

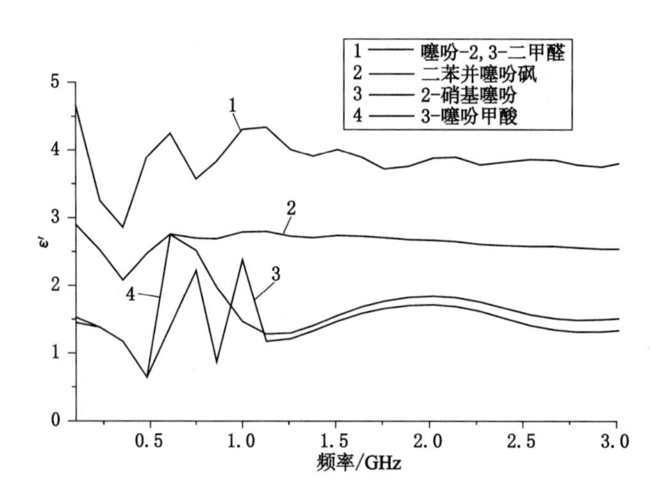

图 4-33 含杂原子噻吩硫模型化合物 ε′随频率变化曲线

图 4-32 中含杂原子噻吩硫模型化合物 tan δ 值跟频率的对应关系比之前的 3 组更为复杂,需要分成两个区域进行分析。在 300～1 000 MHz 区间,囊括了 4 种介质的最大损耗点,3-噻吩甲酸在该频段出现了两个高峰,显示出非常强的耦合能力;1 000～2 450 MHz 区间,各种模型化合物介电损耗比较平稳,tan δ 值更具比较性,2-硝基噻吩在该区间的吸波能力相对较低,但最低值也达到 1.8×10^{-2},说明含杂原子噻吩硫模型化合物具有较强的介电损耗。具体数据见表 4-8。

表 4-8　　含杂原子噻吩硫模型化合物不同频点的损耗值

	2-硝基噻吩			3-噻吩甲酸			噻吩-2,3-二甲醛			二苯并噻吩砜		
频率/MHz	915	2 450	300	915	2 450	861	915	2 450	478	915	2 450	747
介电损耗 tan δ	0.027	0.019	0.212	1.951	0.242	3.013	0.225	0.209	1.298	0.782	0.583	0.917

与上一组数据的处理方式一样，为尽量舍弃测试误差，二苯并噻吩砜的 tan δ 最大值取点频率选择了 747 MHz 而不是更高的 300 MHz，但 2-硝基噻吩的 tan δ 值随频率一直下降，只能选择在 300 MHz 的数据作为参考。根据图 4-32 和表 4-8 的分析，可以获知含杂原子噻吩硫模型化合物是波耦合能力较强的电介质，尤其是含有羧基和羰基官能团的介质。

相较于介电损耗，含杂原子噻吩硫模型化合物复介电常数实部在 0.1～3.0 GHz 的变化更具规律性，数据大小的排序基本符合噻吩-2,3-二甲醛＞二苯并噻吩＞2-硝基噻吩＞3-噻吩甲酸。

模型化合物在 0.1～3.0 GHz 频段基本都具有较强的吸波能力，含杂原子噻吩硫模型化合物对微波的吸收更强一些。12 种模型化合物在 915 MHz 频点对微波的吸收转化能力均强于 2 450 MHz 处。复介电常数实部 ε' 与分子极性和微波频率之间的关系具有一定的规律。因此，通过理论计算出模型化合物的分子极性，是考察频率、ε'、分子结构之间联系的必要条件。

4.4　模型化合物介电性质、微波频率、分子极性之间的关系

电介质介电性质与微波频率的关系体现在复介电常数实部、虚部及损耗角正切值随频率的变化，已经在 4.1～4.4 章节讨论过，本节主要讨论模型化合物分子极性与介电参数之间的关系。

4.4.1　介电性质、频率与极化强度之间的理论关系

电介质中含有正电荷和负电荷，在外加电场作用下，电荷发生定向移动，这就是极化作用的本质[233]。外电场作用下电介质的极化作用有三种类型：一是畸变极化，原子核外的电子云分布产生畸变，从而产生不等于零的电偶极矩；二是位移极化，原来正、负电中心重合的分子彼此发生分离；三是转向极化，具有固有电偶极矩的分子在外电场作用下，各个电偶极子趋向于一致的排列，从而使得宏观电偶极矩不等于零。极性物质可视为具有电偶极矩的粒子组成的宏观物质。粒子偶极矩与外加电场场强具有以下关系：

$$\vec{E} = \frac{1}{4\pi\varepsilon_0}\left[\frac{3(\vec{p}\cdot\vec{r})\vec{r}}{r^5}\right] - \frac{\vec{p}}{r^3} \tag{4-4}$$

式中，$\vec{E}$ 为电场强度；ε_0 是真空介电常数；$\vec{p}$ 为结构粒子的偶电极矩；r 是正负电荷中心之间的距离。

极化强度是宏观物理量，为了描述分子极化强度与介电参数的关系，根据麦克斯韦尔方程组推导出电介质中电势移与电场强度的关系：

$$\vec{D} = \varepsilon\varepsilon_0\vec{E} \tag{4-5}$$

式中，$\vec{D}$ 为电势移矢量，即电感应强度；ε 为介电常数。按照电学中关于电感应强度的定义，它与电极化强度存在如下的关系：

$$\vec{D} = \varepsilon_0\vec{E} + \vec{P} \tag{4-6}$$

式中，$\vec{P}$ 代表极化强度，在无外加电场的情况下，$\vec{P}$ 相当于 $\vec{E}$ 所引起的响应。$\vec{P}$ 可以表示为式(4-7)：

$$\vec{P} = x\varepsilon_0 \vec{E} \tag{4-7}$$

式(4-7)中的 x 为标量常数，称之为极化率。

通过式(4-4)、式(4-5)、式(4-6)、式(4-7)的推算可知，在低频区，介质的各种极化都能跟上外加电场的变化，此时不存在极化损耗，用复介电常数实部 ε' 和极化率 x 描述电介质的性质具有等效性。

而在高频区，不仅 ε' 和极化强度有关，损耗角正切值 $\tan\delta$ 也和极化强度有一定关系。能量转化的方式有许多种，如离子传导、偶极子转动、界面极化、磁滞、压电现象、电致伸缩、核磁共振、铁磁共振等。微波加热的原理包括两个方面：一方面是极化分子旋转产生热能，另一方面是电离子往复运动产生热能。因此，离子传导及偶极子转动是微波能在电介质中转化的主要形式。在高频区，电介质的介电损耗除了极化损耗，还有离子损耗[234]。当外加电场频率升高到一定程度时，松弛极化在某一频率开始跟不上外电场的变化，松弛极化对介电常数的贡献逐渐减小，因而 ε' 随圆频率 ω 的升高而减少。在这一频率范围内，$\tan\delta$ 随 ω 升高而增大，同时 $\vec{P}$ 也增大。当 ω 很高时，$\varepsilon \to \varepsilon_\infty$，介电常数仅由位移极化决定，$\varepsilon'$ 趋于最小值。

为了对以上分析做进一步的验证，利用 Materials Studio 6.0 软件对模型化合物的偶极矩进行计算。

4.4.2 噻吩硫模型化合物分子极性计算

分子极性的大小常用偶极矩来表示，偶极矩越大，分子极性越强。复杂的多原子分子的极性不仅与化学键的极性有关，还取决于分子的空间构型，即使分子中的化学键有极性，但如果分子的空间构型使各极性键键矩的矢量和为零，则分子依然没有极性；只有当各极性键键矩的矢量和不为零时，分子的偶极矩不等于零，分子才是极性分子。

利用 Materials Studio 计算模拟平台中的 Visualizer 模块和 Dmol3 模块建立结构模型，对结构进行优化并计算模型化合物分子结构的偶极矩。Materials Studio 是美国 Accelrys 公司开发的可运行于 PC 机上的新一代材料计算软件，可用于催化剂表面吸附、聚合物的性质与合成、纳米材料性能及煤结构与反应机理研究，在几何构型优化、振动模的归属、简正振动模式等分析和计算方面已经得到了广泛的应用。Visualizer 模块用于建立模型，结构优化参数设置为：

Functional：GGA，PW91；

Properties：Frequency；

Convergence Tolerance：

Energy：2.0×10^{-5} Hartree；

Max. force：0.0004 Hartree；

Max. displacement：0.005 Å；

Max. step size：0.3 Å；

Dmol3 模块用于进行密度泛函计算，获取模型结构性质及相关参数，偶极矩计算参数设置为：

Properties：Electrostatics：Electrostatics moments；Grid interval：0.25 Å；Border：3.0 Å；

Properties：Population analysis：Mulliken analysis：Atomic Charge；Hirshfeld analysis：Charge。

由于模型化合物种类较多，所以选择 3-甲基噻吩为例，对 MS 软件中结构优化和能量计算过程进行说明。

图 4-34 是 3-甲基噻吩结构优化中的迭代步骤，随着优化的深入，结构的能量逐渐降低，最终达到稳定结构，即优化完毕。图 4-35 表示结构能量及位移随着优化步骤发生的变化，当 Convergence tolerance 即收敛公差值达到最低时，结构优化完毕。图 4-34 和图 4-35 表示的过程是同步进行的。

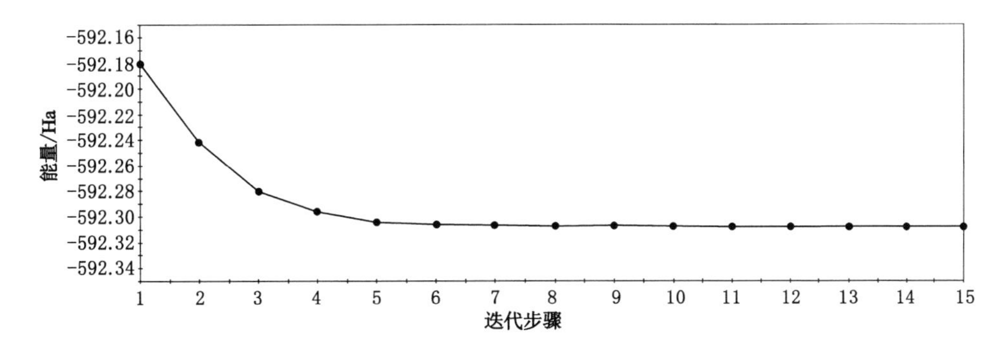

图 4-34　3-甲基噻吩结构优化迭代步骤

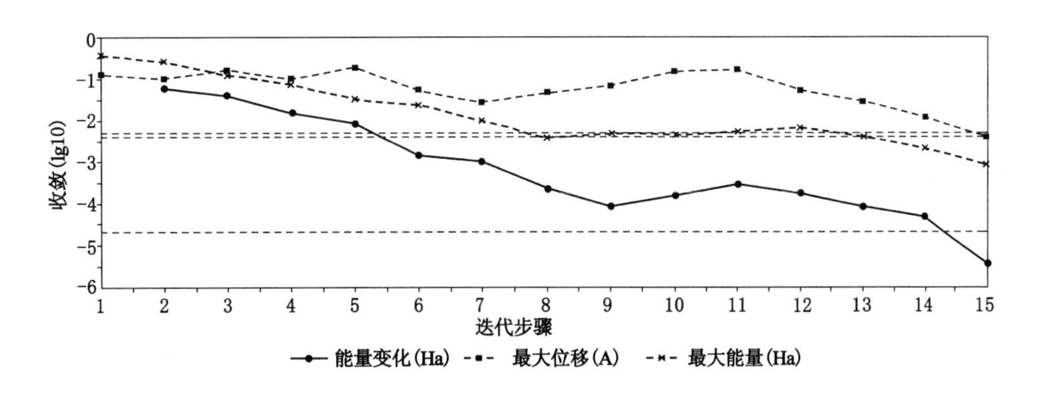

图 4-35　3-甲基噻吩结构优化收敛条件

表 4-9 中的数据包括 12 种噻吩类模型化合物的结构代码、优化分步数及计算的分子偶极矩。

表 4-9　　噻吩类模型化合物分子结构及偶极矩计算表

含硫结构代码	名　称	分子式	优化分步	分子偶极矩(D)
a	3-甲基噻吩	C_5H_6S	15	0.695 9
b	3-十二烷基噻吩	$C_{16}H_{28}S$	14	0.894 8
c	苯并噻吩	C_8H_6S	9	0.445 1
d	二苯并噻吩	$C_{12}H_8S$	8	0.519 9
e	四苯基噻吩	$C_{28}H_{20}S$	49	0.936 4
f	2,2-双噻吩	$C_8H_6S_2$	20	0.521 1
g	噻吩-2-硫醇	$C_4H_4S_2$	13	1.163 8
h	双(2-噻吩基)二硫	$C_8H_6S_4$	20	2.655 2
i	2-硝基噻吩	$C_4H_3NO_2S$	17	3.733 4
j	3-噻吩甲酸	$C_5H_4O_2S$	14	2.107 6
k	噻吩-2,3-二甲醛	$C_6H_4O_2S$	29	6.264 2
l	二苯并噻吩砜	$C_{12}H_8O_2S$	20	4.544 1

根据表 4-9 中的分子偶极矩数据，按照 4.4 中模型化合物的分组，对其极性进行排序，结果为：3-甲基噻吩＜3-十二烷基噻吩；苯并噻吩＜2,2-双噻吩＜二苯并噻吩＜四苯基噻吩；噻吩-2-硫醇＜双(2-噻吩基)二硫；3-噻吩甲酸＜2-硝基噻吩＜二苯并噻吩砜＜噻吩-2,3-二甲醛。

分子极性的排序与 4.4 中模型化合物复介电常数实部大小的排序基本是一致的，出现明显不同的是噻吩-2-硫醇和双(2-噻吩基)二硫这一组。这一组中出现了一个节点，在 1 950 MHz 处，但在低于 1 950 MHz 的区域满足复介电常数实部和极化强度的等效性。分子偶极矩的计算从理论上证明了在低频区用 ε' 描述介质极性是可行的。

4.5　噻吩硫模型化合物的介温特性

对介电材料的介电性能影响较大的因素包括介质体系、温度、介质物性、频率等，在介质体系和物性固定的情况下，频率和温度是最重要的两个影响因素[235]。煤及模型化合物的介频谱已经讨论过，本节只对其介温性质进行研究。根据民用微波频率的限定及前文中的研究内容，选择 915 MHz 和 2 450 MHz 两个频点进行介温测试。

在解释介质的介温特性之前，需要介绍 Williams-Lander-Ferry 方程和 Curie-Weiss 定律，Williams-Lander-Ferry 方程见式(4-8)，Curie-Weiss 定律用式[236](4-9)表示。

$$\ln\frac{\tau_1}{\tau_2}=\frac{C_1(T_1-T_2)}{C_2+(T_1-T_2)}\tag{4-8}$$

式中，C_1、C_2 都是与物质相关的参数；τ_1 和 τ_2 分别表示 T_1 和 T_2 温度下的弛豫时间。

$$\varepsilon_s-\varepsilon_\infty=C^{\exp}/(T-TC^{\exp})\tag{4-9}$$

式中，C^{exp}是 Curie-Weiss 常数；TC^{exp}代表系统的 Curie 温度；TC^{exp}与 ε_s 的关系可由 WMFT 给出的关系式获取：

$$TC^{exp} = T - \frac{C^{exp}}{\varepsilon_s - 1} \tag{4-10}$$

根据式(4-3)、式(4-8)、式(4-9)和式(4-10)组成的方程组，建立了损耗角正切值 $\tan\delta$ 与温度 T 之间的关系函数，是介质介电性质的温度依存性的理论依据。

介温特性的研究主要集中在材料科学、食品科学和医学等学科，Jancar B.、Takenaka T.、Noumura Y.、Ando A.、石维等人先后在陶瓷的介温特性研究上取得进展[237-241]，Nelson S. O.、Guo W.、郭文川、Karen M. P.、Ohsima T. 等人则在食品和医学的介温特性方面做出了贡献[242-246]。而煤中噻吩硫模型化合物的介温谱分析尚未见报道。

含硫模型化合物介温谱的测试在四川大学应用电磁研究所完成，测试系统及条件见图 4-36，测试方法为网络参数法。

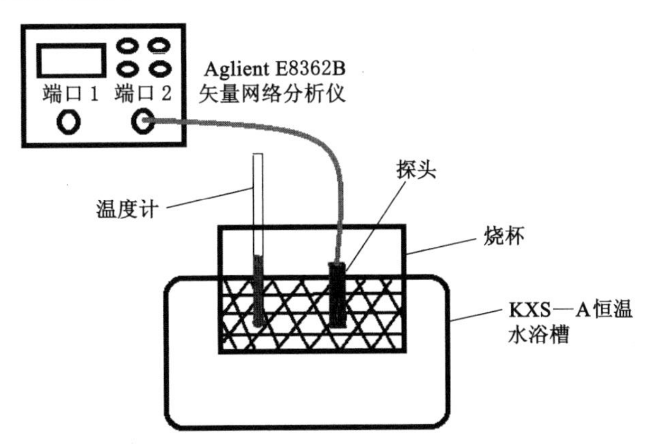

图 4-36 模型化合物介温测试系统

变温介电系数测量在终端开路的常规探头连接安捷伦 E8362B 矢量网络分析仪上进行，频率范围为 0～40 GHz，将被测样品置于 KXS—A 恒温水浴槽中，温度范围为室温－99 ℃，测试精度 0.1 ℃，为了提高测量准确性，烧杯的高度和直径选择大于波长 5 倍的 100 mL 烧杯。

考虑模型化合物熔沸点等物理性质，温度测量点选择为 30、40、50、60、70 ℃。由于测试对样品质量和体积要求较大，固体样品大于 100 g，液体样品大于 100 mL，因此只选择了 3-甲基噻吩(常温下是液体)和苯并噻吩(常温下是固体)作为脂肪结构和芳香结构噻吩进行测试。

3-甲基噻吩、苯并噻吩在 915 MHz 和 2 450 MHz 的介电常数随温度变化见图 4-37、图 4-38。测试数据分别见表 4-10、表 4-11。表 4-10 和 4-11 中的数据与在中国矿业大学测得的模型 3-甲基噻吩、苯并噻吩在 915 MHz 和 2 450 MHz 的介电数据有一定的出入，在中国矿业大学完成的模型化合物的介电性质测试是在室温下进行的，温度是造成了两者之间差异的主要原因。

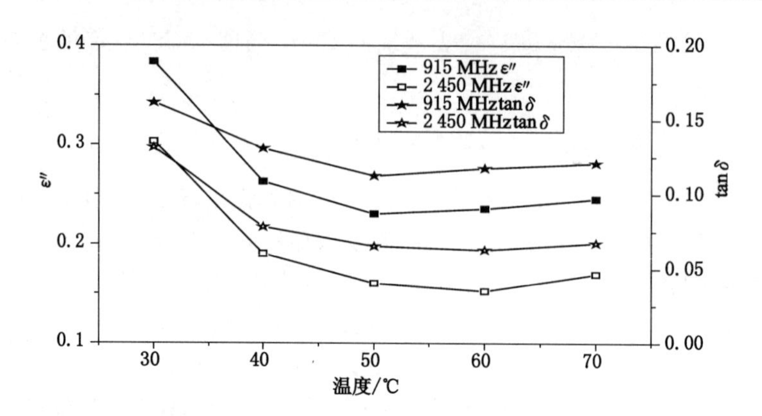

图 4-37 3-甲基噻吩 ε″、tan δ 随频率变化曲线

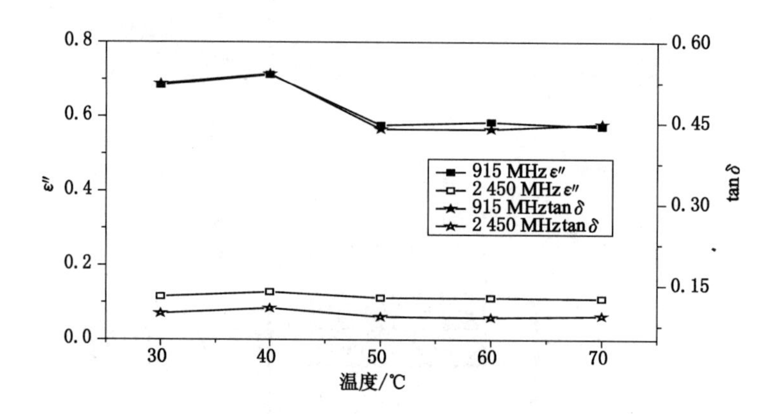

图 4-38 苯并噻吩 ε″、tan δ 随频率变化曲线

表 4-10 不同温度下 3-甲基噻吩 ε″、tan δ 的值

温度/℃	ε″		tan δ	
	915 MHz	2 450 MHz	915 MHz	2 450 MHz
30	0.383 66	0.303 37	0.161 65	0.131 53
40	0.262 88	0.190 44	0.130 78	0.078 12
50	0.230 41	0.160 39	0.112 43	0.065 20
60	0.235 65	0.152 60	0.117 56	0.062 76
70	0.245 42	0.169 81	0.120 89	0.067 35

根据表 4-10 和图 4-37 的数据分析，表征介质微波吸收能力的两个主要参数 ε″、tan δ 在 915 MHz 和 2 450 MHz 两个频点处随温度的变化呈现出了几乎一致的变化规律：随着温度升高的开始阶段，ε″和 tan δ 值减小，温度继续升高后，ε″和 tan δ 值略有回升。915 MHz 处，3-甲基噻吩的复介电常数虚部和损耗角正切值在 50 ℃均达到最低值；2 450 MHz 处，其值在 60 ℃时达到最低值。在每个温度点下的 ε″和 tan δ 值，915 MHz 频点处均高于 2 450 MHz 处。介电参数随温度的变化直接影响到介质介电损耗随温度变化，因此，就 915 MHz

表 4-11 不同温度下苯并噻吩 ε''、$\tan\delta$ 的值

温度/℃	ε''		$\tan\delta$	
	915 MHz	2 450 MHz	915 MHz	2 450 MHz
30	0.684 05	0.115 80	0.523 42	0.098 52
40	0.712 65	0.127 88	0.541 05	0.108 30
50	0.576 90	0.112 14	0.439 15	0.092 43
60	0.584 64	0.112 51	0.438 84	0.091 13
70	0.572 34	0.110 62	0.448 31	0.093 98

和 2 450 MHz 两个频点而言，考虑温度的因素情况下，3-甲基噻吩在 915 MHz 处的吸波能力要强于 2 450 MHz 处。

与 3-甲基噻吩不同的是，苯并噻吩在 915 MHz 和 2 450 MHz 两个频点的 ε''和 $\tan\delta$ 值随温度呈之字形变化，最大值均出现在 40 ℃处，略高于在 30 ℃处的测量值。与 3-甲基噻吩相同的是，在不同温度点下，苯并噻吩在 915 MHz 处对微波的吸收均强于在 2 450 MHz 处。

可移动电荷是吸波材料能够吸收微波的根本原因，而可移动电荷在材料中的移动能力受温度影响比较大，当温度升高时，原子振动加剧，可移动电荷的活动能力增强。同时，由于晶格振动的加剧，又对电荷的移动产生阻力。当温度升高，电荷活动能力增强是主要因素时，物质的电导率增加，吸波能力增强；反之当晶格振动对电荷移动产生的阻力是主要表现时，吸波能力减弱。

通过对两种模型化合物 2 个频点和 5 个温度点介温性质的研究，体现了电磁参数和吸波性能不仅随频率变化，而且还会随温度发生变化。模型化合物对微波的吸收能力并没有随温度的升高而增强，反而出现了下降的趋势，即使后续随温度的升高略有回升，但 70 ℃时的吸波能依然低于 30 ℃。其中的原因应该是随着温度的升高，模型化合物中晶格振动对电荷移动产生的阻力强于电荷运动的能力。综合频率和温度两个因素，噻吩硫模型化合物在 915 MHz 处对微波的吸收能力更强。

4.6 反射系数及穿透深度

微波的基本性质呈现为穿透、反射、吸收三个特性[247]，作用于物料的效果如图 4-39 所示。当电磁波由一个磁导率为 μ_1、介电常数为 ε_1 的均匀介质，进入另一个具有磁导率为 μ_2、介电常数为 ε_2 的均匀介质时，一部分电磁波在界面上被反射回来，另一部分电磁波则透射过去。

4.6.1 炼焦煤的反射系数

传输线上某处的反射波电压与入射波电压之比或反射波电流与入射波电流之比的负值称为该点的反射系数。在微波工程和微波测量中，反射系数是一个最基本的物理量[248]，它是反映介质对微波吸收性能的重要参数。测试介质的反射系数对于掌握其反射特性及吸波

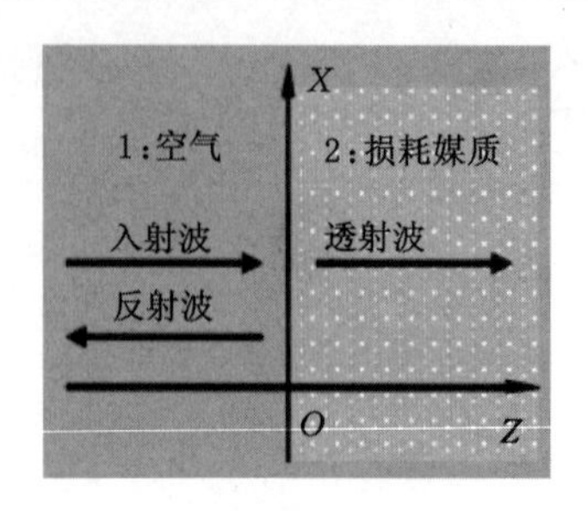

图 4-39　微波作用于物料的效果图

性能具有重要意义，在吸波材料的改进与开发、裂隙检测、微波的非热效应研究方面被广泛应用。

反射系数是改进传统吸波材料和开发新型吸波材料的重要研究内容[249-251]，铁氧体作为一种应用广泛的微波隐身材料，其反射系数作为重要的电磁参数受到了极大关注。周克省等人对 Z 型铁氧体 $Sr_3(CuZn)_xCo_{2(1-x)}Fe_{24}O_{41}$、多铁性材料 $Bi_{1-x}Ba_xFeO_3$、尖锥八面体 Fe_3O_4、$Ba(Me)_xCo_{2-2x}Fe_{16}O_{27}$[252-254] 等吸波材料的微波吸收性能与电磁损耗机理进行了研究，微波吸收主要源于电损耗兼具磁损耗。

在合适的工作频率下，利用微波无损检测技术对热障涂层下金属表面的裂缝进行无损检测是反射系数在机械领域的应用[255,256]。Rose 和 Davies 等人基于脉冲回波原理，用具有低频散特性的一束窄频带脉冲激励波导结构，根据回波时间间隔和导波波速计算不连续的位置实现了管道、钢轨裂缝的检测[257,258]。纪琳等人提出的广义反射系数模型可以在未知不连续位置的条件下，通过测得裂缝、支撑等结构不连续的反射系数，准确有效识别出不连续的位置[259]。

黄卡玛、杨晓庆等人在研究微波辐射下电解质水溶液中的非热效应时，发现微波作用于电解质水溶液中存在新的现象，受微波功率大小可以影响溶液中的反射系数，影响的程度与电解质溶液电导率大小有关。通过对 NaCl 水溶液的研究，证明了微波作用于电解质溶液的确存在非热效应[260]。

反射系数记作 $\Gamma(z)$，单位是 dB，式(4-11)是吸波材料反射系数的表述公式。

$$\Gamma(z) = \left| \frac{\eta_2 - \eta_1}{\eta_2 + \eta_1} \right| \tag{4-11}$$

式中，η_1 和 η_2 分别是介质 1 和介质 2 的归一化特性阻抗，η 可由下式表示[261]：

$$\eta = \sqrt{\frac{\mu}{\varepsilon - j\dfrac{\sigma}{\omega\varepsilon_0}}} = \sqrt{\frac{\mu' - j\mu''}{\varepsilon' - j\varepsilon'' - j\dfrac{\sigma}{\omega\varepsilon_0}}} = \sqrt{\frac{\mu' - j\mu''}{\varepsilon' - j\varepsilon''}} = \sqrt{\frac{\mu'(1 - j\tan\delta_\mu)}{\varepsilon'(1 - j\tan\delta_\varepsilon)}} \tag{4-12}$$

式中，ω 为圆频率；ε_0 为真空介电常数；σ 为电导率；δ_μ、δ_ε 分别为磁损耗角和介电损耗角。反射系数不仅反映了反射波与入射波的大小之比，也反映了两者之间的相位关系，不仅具有明确的物理意义，而且是可以进行直接测量的物理量。

基于本研究采用的介电性质测量方法——传输反射法的原理，研究煤的反射系数可以进一步解析煤的介电损耗随频率的变化关系。

炼焦煤的反射系数测试在四川大学完成。反射系数测量系统采用 Agilent E8362B 微波矢量网络分析仪和终端开路的异形同轴探头，矢量网络分析仪频率范围为 0～40 GHz。同轴探头的损耗接近理想状态可以忽略不计，只需对相位误差进行校准，将同轴探头开口端处于开路，开路负载产生全反射使得开口端的反射系数模值为 1，相位值为 0°，用金属板将探头的开口端短路，探头产生全反射复反射系数模值为 1，相位值为 $-180°$。这样就可以直接测量同轴探头开口端的散射参数 S11。测试样品质量 1.5 kg 左右，将样品装入特殊设计的圆柱形罐体中，为了提高测量准确性，罐体连接同轴外导体，罐体的高度和直径大于波长的 5 倍。试验系统见图 4-40。

图 4-40　反射系数测试系统

反射系数 $\Gamma(z)$ 与散射参数 S11 之间存在如式(4-13)的换算关系：

$$\Gamma(z) = |\,S11\,| \tag{4-13}$$

新阳炼焦煤反射系数在 0.2～18 GHz 范围与频率之间的关系见图 4-41。根据传输理论，S11 越大，反射系数越小，介质的吸波性能越强。从图 4-41 可以看出，随着频率的增大，S11 值存在比较明显的变小趋势，在 17.22 GHz 处，S11 出现最低值，为 -4.80。说明在 0.2～18 GHz 区间，随着频率的增大，新阳煤对微波的吸收能力整体上呈现出增强的趋势。这与表征新阳煤吸波能力的另一主要参数 $\tan\delta$ 值与频率之间变化关系的结论是一致的，进一步证明炼焦煤在 0.2～18 GHz 频段的吸波能力最强区间出现在高频处。

4.6.2　噻吩硫模型化合物的微波穿透深度

微波穿透深度是指在穿透过程中，微波能量降低为原来的 $1/e(e=2.718)$ 处距离表面的深度，是衡量微波加热物料内部温度分布情况的重要参数，可表征介质促使微波能衰减能力的大小[262]。根据穿透深度确定物料尺寸，以便对介质能够进行均匀加热。穿透深度用 d_p 表示，单位是 mm，可根据(4-11)进行计算[263]：

$$d_p = \frac{c_0}{2\sqrt{2}\pi f\sqrt{\varepsilon'\left[\sqrt{1+\left(\frac{\varepsilon''}{\varepsilon'}\right)^2}-1\right]}} \tag{4-14}$$

式中，c_0 为自由空间光速($c_0=3\times10^8$ m/s)；f 表示所测频段频率。

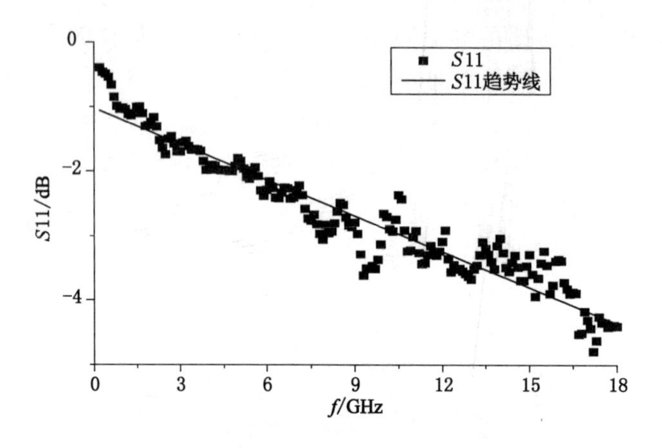

图 4-41　新阳煤反射系数随频率变化关系

微波穿透深度的研究目前多见于食品科学和材料科学，何天宝在民用微波频率下，提出鱼糜的穿透深度在 915 MHz 随温度升高而减小，在 2 450 MHz 处则相反[264]。薛长湖、Al-Holy M. 等人在研究温度和频率对扇贝等水产品介电性质的影响时，均发现鲍鱼的穿透深度随温度的升高而降低[265,266]。刘晨辉等人通过对钛铁合金微波穿透深度的研究，掌握了微波辐照的最佳物料厚度[267]。肖朝伦利用微波辐射研究了微波的穿透性及短时间微波处理对脱水污泥脱水性能的改善[268]。不同的物料其微波穿透深度差异较大，根据前人的研究成果，穿透深度从毫米级到米级不等。噻吩类模型化合物的微波穿透系数尚未见报道。

3-甲基噻吩和苯并噻吩在不同温度、不同频率下的介电参数根据式(4-11)计算微波穿透深度见表 4-12。

表 4-12　　模型化合物穿透深度

温度/℃	3-甲基噻吩 穿透深度/mm		苯并噻吩 穿透深度/mm	
	915 MHz	2 450 MHz	915 MHz	2 450 MHz
30	210	98	90	51
40	282	160	87	50
50	325	191	106	59
60	314	199	105	59
70	304	182	106	59

微波在物料中的穿透深度 d_p 与频率 f 成反比，波长越短，穿透深度越小。表 4-12 中的穿透深度数据符合这一规律。模型化合物穿透深度随温度和频率的变化曲线见图 4-42。

在温度影响方面，与前人利用微波研究食品物料中穿透深度不同的是，3-甲基噻吩随温度上升其穿透深度先增大再减小，苯并噻吩随温度升高先略微减小后再增大，并维持在一个固定水平。结合介温测试数据发现，不同温度下，噻吩类模型化合物在 915 MHz 频点的微波穿透深度高于 2 450 MHz。

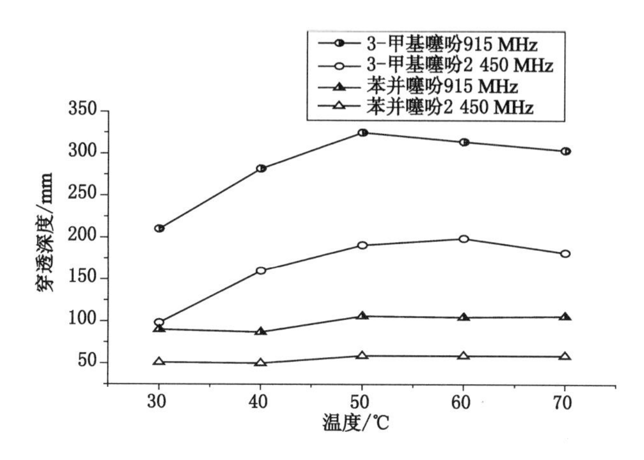

图 4-42 模型化合物不同频率下随温度变化曲线

4.7 本章小结

(1) 通过对炼焦煤介电性质的分析，获知山西高硫炼焦煤对微波具有较强的吸收能力，是一种存在较好吸波特性的电介质，最大介电损耗对应的微波频率出现在 16～17 GHz 的高频段。淮南低硫煤吸波能力的变化幅度要远高于高硫煤，在多数频率区间内，其与微波的耦合作用远低于高硫煤。

(2) 在 915 MHz 和 2 450 MHz 两个民用微波频率下，山西高硫炼焦煤的 ε''和 tan δ 值相差不大，但 915 MHz 处均低于 2 450 MHz 处。但不足以说明煤中含硫结构在 2 450 MHz 处的吸波能力强于 915 MHz。

(3) 选择的噻吩类模型化合物在 0～18 GHz 频段基本上具有较强的微波吸收和转化能力，属于高损耗电介质。模型化合物 ε''和 tan δ 随频率的变化趋势在 0～18 GHz 具有较好的正相关性。脂链长度、苯环个数、杂原子对噻吩结构的介电参数具有影响，但没有发现一般的规律性。含杂原子的模型化合物对微波的吸收更强。

(4) 模型化合物在 0～18 GHz 具有多个吸收峰或者是吸收峰群，介电损耗最强点多数也分布在高频段即 16～18 GHz 范围，但频点并不固定，表现出了明显的个性吸波特征。

(5) 在 0.1～3 GHz 频段介电谱介温谱的研究结果显示，噻吩类模型化合物的 ε''和 tan δ 值在 915 MHz 处均高于 2 450 MHz 处，鉴于模型化合物的选择是与煤中含硫大分子结构模型相匹配的，可知煤中噻吩类含硫结构在 915 MHz 具有更强的吸波能力。模型化合物介电损耗随温度的升高而下降。

(6) 通过模型化合物复介电常数实部的测试和量子力学的计算，建立了模型化合物介电性质与分子结构之间的关系，验证了在低频区用 ε'描述介质极性的等价性。

(7) 煤的反射系数随微波频率的增加呈现明显的下降趋势，进一步证明高硫炼焦煤在 0～18 GHz 频段的吸波能力最强区间出现在高频处。煤中噻吩硫结构的微波穿透深度受温度影响，并在某一温度点出现最大穿透深度，继续加温，穿透深度减小。模型化合物微波穿透深度在 915 MHz 频点高于 2 450 MHz。

5 炼焦煤及噻吩硫模型化合物对微波的响应

复介电常数反映了电介质与微波相互作用的能力，电介质对微波的响应体现在作用的效果上。本书考察微波对介质的作用从两个方面进行研究：一是通过微波辐照试验，考察煤及模型化合物中含硫组分的类型及含量变化规律；二是利用软件计算，模拟微波能对模型化合物的作用方式与路径。

5.1 微波作用下炼焦煤中有机硫组分的XPS研究

炼焦煤的微波辐照试验设备分别选用WX20L型和MCR—3型微波发生器，微波频率分别设置为915 MHz±25 MHz和2 450 MHz±15 MHz，MCR—3型微波发生器功率为800 W，设置煤样辐照时间为10 min。WX20L型微波发生器为大功率微波设备，工作环境温度为0～40 ℃，冷却水流量≥16～18 L/min，相对湿度≤85％，微波功率≤20 kW，连续可调，负载电压驻波比≤2.5。在WX20L型微波辐照试验中，微波功率过高或辐照时间过长，煤样会出现着火现象，因此，试验设定功率为5 kW，辐照时间为5 min。

XPS的测定条件及表征方法见2.2.1中表述，新峪、新阳和新柳精煤的XPS谱图解析见2.2.2。三种煤样在915 MHz和2 450 MHz微波发生器中完成辐照试验后，煤中有机硫的XPS拟合谱图分别见图5-1、图5-2和图5-3。

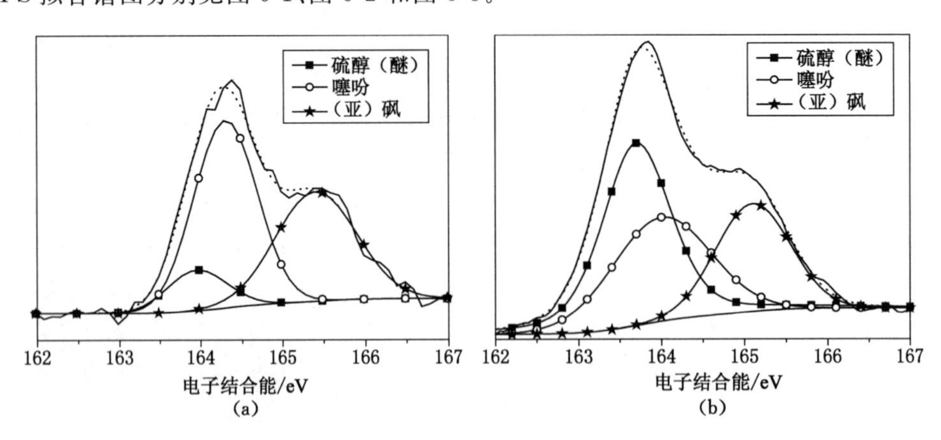

图5-1 新峪煤辐照后有机硫XPS拟合谱图

(a) 915 MHz;(b) 2 450 MHz

从图5-1、图5-2和图5-3中可以获知，新峪、新阳和新柳煤经微波辐照后，有机硫形态均有3种，根据峰位获取煤中有机硫的类型，根据峰面积计算有机硫的相对含量，并与炼焦精煤的数据进行对比，结果见表5-1。

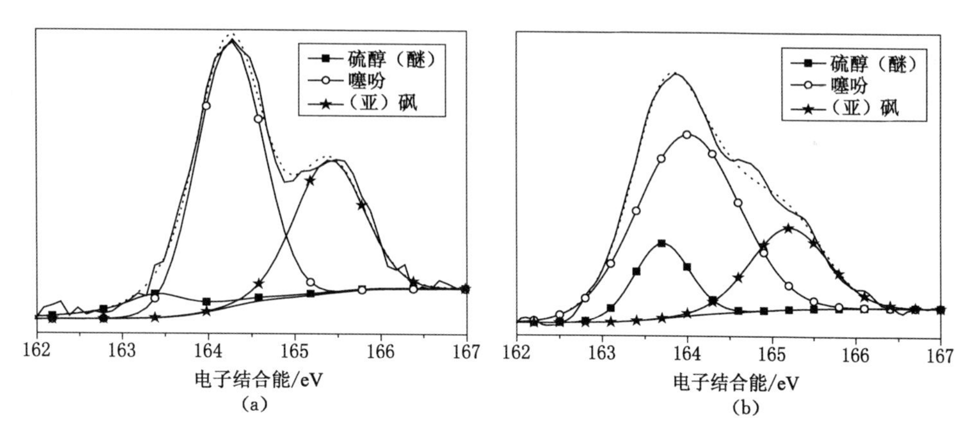

图 5-2 新阳煤辐照后有机硫 XPS 拟合谱图

(a) 915 MHz;(b) 2 450 MHz

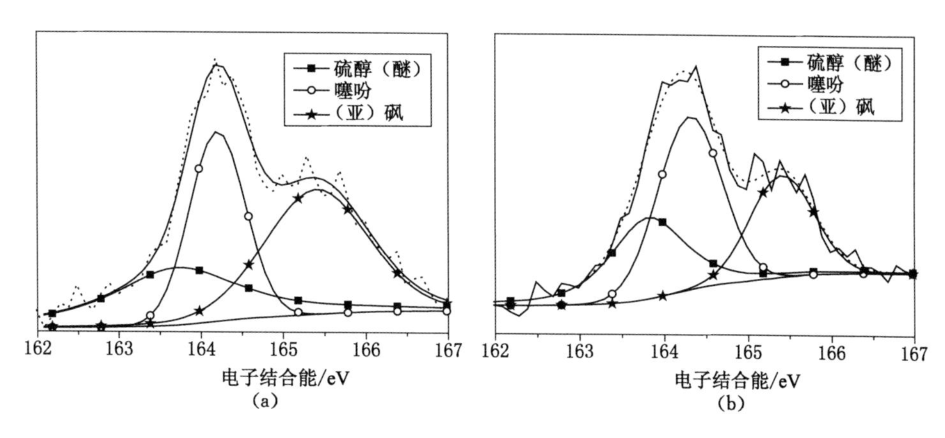

图 5-3 新柳煤辐照后有机硫 XPS 拟合谱图

(a) 915 MHz;(b) 2 450 MHz

表 5-1 煤样 S 的 XPS 峰归属及相对含量

煤样	电子结合能/eV			有机硫形态	有机硫含量/%		
	辐照前	915 MHz	2 450 MHz		辐照前	915 MHz	2 450 MHz
新峪	163.70	163.50	163.70	硫醇(醚)	46.24	10.68	44.56
新阳	163.70	163.40	163.70		14.34	2.43	10.78
新柳	163.70	163.50	163.70		25.77	14.12	27.71
新峪	164.10	164.00	164.00	噻吩	24.88	56.25	31.16
新阳	164.00	164.25	164.30		61.23	70.90	62.54
新柳	164.30	164.00	164.30		31.06	56.40	33.51
新峪	165.00	165.00	165.10	(亚)砜	28.88	33.07	24.28
新阳	165.20	165.40	165.40		24.43	26.67	26.68
新柳	165.50	165.20	165.50		43.17	29.48	38.78

结合 2.2.2 中炼焦精煤中有机硫形态及相对含量，可见微波辐照前后煤中有机硫种类没有变化，特征峰的峰位发生了移动，但根据结合能范围可知，有机硫主要赋存类型并没有发生改变，依旧是以硫醇、硫醚、噻吩、砜和亚砜为主。

值得注意的是，915 MHz 和 2 450 MHz 两种频率微波辐照后，有机硫相对含量出现了不同的变化规律。915 MHz 频率微波辐照后，三种煤中硫醇(醚)和噻吩相对含量均变化显著，新峪煤中的硫醇(醚)相对含量从 46.24%骤降到 10.68%，新阳煤和新柳煤中硫醇(醚)相对含量也发生了不同程度的下降。而三种煤中噻吩的相对含量均出现了大幅上升的情况，新峪、新阳和新柳煤中噻吩硫含量分别提高了 126%、16%和 82%，其中，新阳煤中噻吩硫含量提高比例较低的原因是其在精煤中本身的含量就很高。可见 915 MHz 频率微波源能够改变煤中有机含硫组成。而 2 450 MHz 频率微波辐照后，有机含硫组分相对含量几乎没有变化，说明在没有添加任何助剂、辅以其他试验手段的情况下，2 450 MHz 频率微波对煤中有机硫的作用是非常有限的[269,270]。

在 915 MHz 频率微波作用下，煤中硫醇和硫醚的含量降低、噻吩硫含量升高、砜和亚砜含量变化微弱的现象可以用硫醇和硫醚的反应性相对较高，而噻吩结构最为稳定进行解释。虽然微波作用下，煤中有机含硫基团是否发生了旧键断裂、新键生成的化学反应还有待进一步考证，但可以说明煤中有机含硫介质对微波具有响应。

5.2 微波作用下噻吩硫模型化合物结构的 Raman 研究

5.2.1 测试条件及表征方法

噻吩硫模型化合物的微波辐照试验分为 750～950 MHz 和 2 450 MHz 两个频率进行，前者的试验设备由杭州八达电器有限公司的 BDS7595—200 型调频微波反应器、电子科技大学设计的频率可重构反应腔和美国安捷伦公司的 Agilent E5071C 矢量网络分析仪组成，见图 5-4。BDS7595—200 型调频微波反应器可实现调频范围为 750～950 MHz，功率 200 W±10 W，待测样品置于频率可重构反应腔中，通过调节待测样品高度确定对微波的最佳吸收位置，利用 Agilent E5071C 矢量网络分析仪获取模型化合物在 750～950 MHz 频段内的最佳吸波频率。后者用的是 MCR—3 型微波发生器。

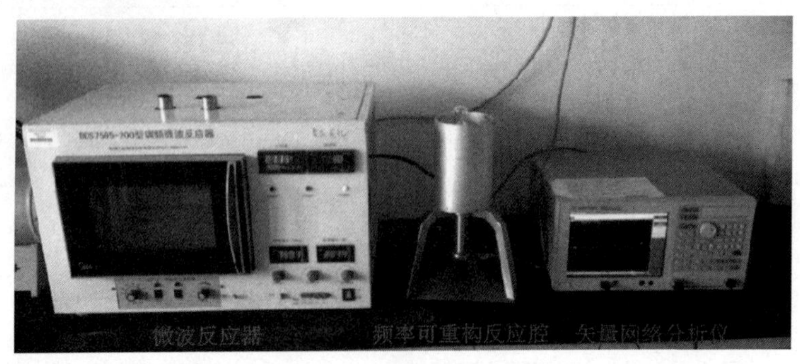

图 5-4　模型化合物微波辐照设备

根据4.2.2中对模型化合物的分类，选择6种模型化合物进行测试，每种模型化合物在750～950 MHz频段的测试条件见表5-2。

表5-2　700～950 MHz模型化合物测试条件

含硫结构代码	名　称	功率/W	吸收频率/MHz	辐照时间/min	升温/℃
a	3-甲基噻吩	205	911	7	72
b	3-十二烷基噻吩	207	675	7	63
c	苯并噻吩	208	910	10	36
e	四苯基噻吩	206	866	10	27
h	双(2-噻吩基)二硫	207	842	7	59
j	3-噻吩甲酸	206	853	10	32

从表5-2的测试条件中可以看出，6种模型化合物的辐照时间不同，主要是跟升温幅度有关，为了避免温度过高导致样品挥发，因此控制了辐照时间，而升温幅度与样品的物理性质关系密切，熔点高的样品的升温幅度和速度明显低于熔点低的样品。

拉曼光谱是一种典型的散射光谱，在光束的光子与分子发生非弹性碰撞过程中，光子与分子之间发生了能量的交换，光子在改变了运动方向的同时，将一部分能量传递给分子，从而改变了光子的频率，这就是拉曼散射过程。它反映了分子内部各种简正振动频率和有关振动能级的情况，每一种物质都有自己独特的拉曼光谱，其分子振动能级、模式与拉曼峰的强度、位置、数量等都有直接的关系。

共聚焦激光拉曼光谱具有测试样品无需制备、测试过程对样品无损伤、可分析含水样品、可测微区、高敏感性、可研究低频信息等优点[271]，近年来成为分析物质内部结构信息的有力工具，被广泛应用于煤结构分析[272]、食品监测[273,274]、医学诊断[275,276]、环境大气监测[277,278]、矿石鉴别[279,280]、微量农药检测[281]、催化剂研究[282]、纳米复合材料[283-285]等领域。

模型化合物结构拉曼测试在合肥工业大学进行，测试设备是法国生产的HR Evolution显微共焦激光拉曼光谱仪，配备532 nm激光器，光谱范围50～9 000 cm^{-1}；633 nm激光器，光谱范围50～6 000 cm^{-1}；785 nm激光器，光谱范围50～3 200 cm^{-1}。光谱分辨率可见区好于0.65 cm^{-1}，波数精度：0.1 cm^{-1}。配备Linkam冷热台，可做－196～600 ℃变温拉曼的原位检测。

5.2.2　微波辐照前后噻吩硫模型化合物拉曼光谱解析

红外光谱与拉曼光谱的响应机制不同，但互为补充。极性基团具有较强的红外延伸振动，而非极性的基团具有较强的拉曼光谱带，因此，拉曼光谱尤其适用于测试红外活性弱的分子结构。拉曼光谱信息蕴藏于拉曼谱峰之中，因此拉曼谱峰指认在拉曼光谱定性分析中尤为重要[286]。根据Lisbeth G. T.[287]、李雪梅[288]、李长恭[289]等人的研究成果，整理出常见化学机构的拉曼谱特性，见表5-3。常见含硫结构的拉曼吸收主要有三个区域，波数分别是1 050～1 100 cm^{-1}、630～780 cm^{-1}和430～550 cm^{-1}，所属官能团分别为芳香族碳硫键、脂肪族碳硫键和硫硫键。

表 5-3　　常见基团的 Raman 光谱特性

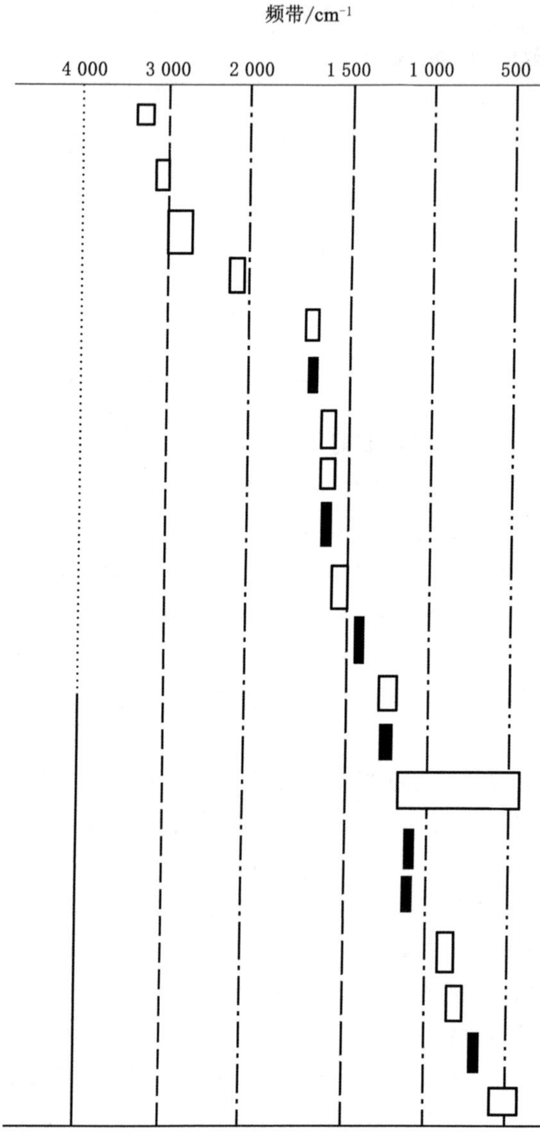

频带/cm^{-1}：4 000　3 000　2 000　1 500　1 000　500

振动基团	强度	官能团
O—H 伸缩振动	很弱	羟基
=C—H 伸缩振动	中	不饱和
C—H 伸缩振动	中	饱和
C≡N 伸缩振动	强	腈
C=O 伸缩振动	中—弱	脂
C=O 伸缩振动	弱—中	羧酸
C=C 伸缩振动	强	非共轭
C=C 伸缩振动	强	反式
C=C 伸缩振动	强	顺式
N—H 弯曲振动	弱	酰胺Ⅰ
C—H 剪式振动	中—弱	甲基
N—H 弯曲振动	强	酰胺Ⅱ
P—O 伸缩振动	中—弱	磷酸酯
骨架指纹图谱		
C—S 伸缩振动	中—强	芳香族
C—O 伸缩振动	中—弱	脂
C—O—C 关联模式	中—弱	
C—S 伸缩振动	中—弱	脂肪族
C—H 摇摆振动	很弱	亚甲基
S—S 伸缩振动	中—强	

物质拉曼光谱振动峰的移动表示其能带及结构发生了变化，包括红移和蓝移。红移指的是向长波长方向移动，波数减少，光子的能量变低。向低波数移动代表振动所需的能量变低，带隙变小，基团更加不稳定。其典型特征是化学键增长、振动频率减小以及红外强度增大。蓝移则是与红移相反，可能会有其他基团的引入[290,291]。红移和蓝移的起因是电荷密度的重新排布和轨道再杂化共同作用的结果[292]。

拉曼光谱中谱峰的强度一般是与对应的基团含量线性相关的，可用式(5-1)[293]表示：

$$I_R = \sigma LCI_0 k \tag{5-1}$$

式中，I_R 为拉曼谱峰强度；σ 为表观拉曼散射效率，与物种、环境及激光的激发波长有关；L

为散射体影响因子(如体积等);C 为谱峰对应基团的浓度;I_0 为激发光的强度;k 为设备影响因子。

波段半高宽是指从基线到峰值高度最大值的一半处波段横坐标的绝对值宽度。物质的半高宽越高,表示其非晶化程度越高,离子团的“寿命”越短[294]。

(1) 脂肪族噻吩硫模型化合物拉曼光谱解析

3-甲基噻吩和3-十二烷基噻吩的激光拉曼光谱分别见图5-5和图5-6。

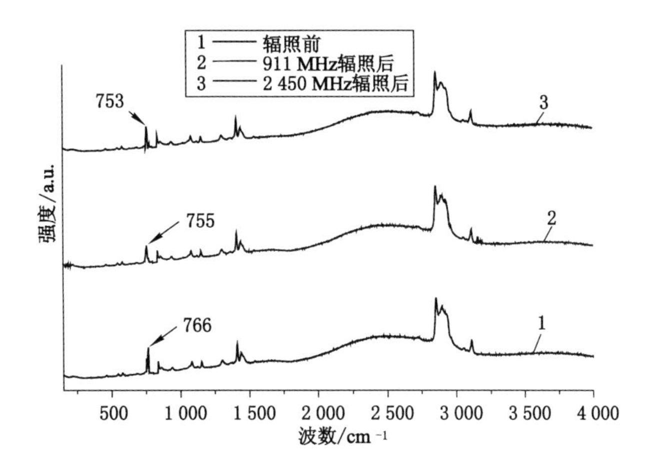

图5-5　3-甲基噻吩微波辐照激光拉曼光谱

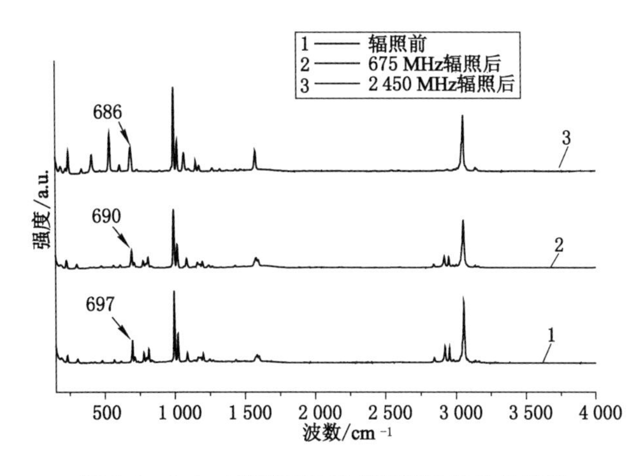

图5-6　3-十二烷基噻吩微波辐照激光拉曼光谱

微波作用后,3-甲基噻吩和3-十二烷基噻吩结构中的碳硫键谱峰都产生了红移现象,3-甲基噻吩在911 MHz和2 450 MHz辐照后,分别向长波方向移动了11 cm^{-1}和13 cm^{-1};3-十二烷基噻吩在675 MHz和2 450 MHz微波作用后,波数分别减少了7 cm^{-1}和11 cm^{-1}。3-十二烷基噻吩经2 450 MHz加热后,碳硫键吸收峰吸收强度增加,同时,半高宽增大。红移和半高宽增加说明微波激发模型化合物内部分子作超高频率振动、摩擦,使原子间的热运动加强,内部结构的无序化程度增加。微波产生的激发效应,使分子内电子发生能级跃迁，分子电荷的形状发生畸变，原子间的作用力减弱，导致原子间距增大和键角分布展宽，有助于化学键的解离。

(2) 芳香族噻吩硫模型化合物拉曼光谱解析

图 5-7 和图 5-8 分别是苯并噻吩和四苯基噻吩的激光拉曼光谱。从图中标注的频移识别可知，两种芳香族噻吩模型化合物在不同频率的微波辐照下，其分子中的碳硫键的振动峰频移都发生了变化，且都发生了红移现象。

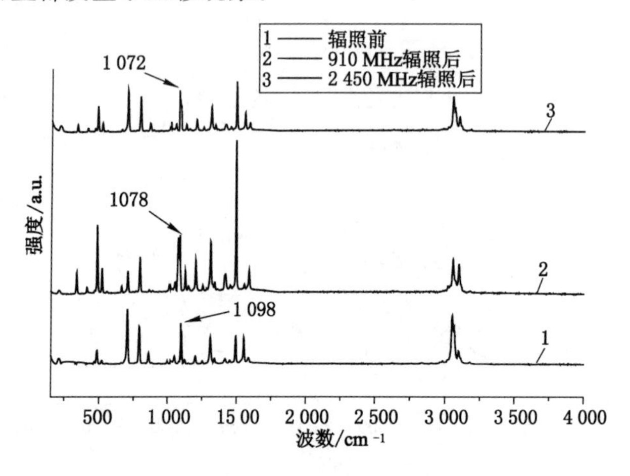

图 5-7　苯并噻吩微波辐照激光拉曼光谱

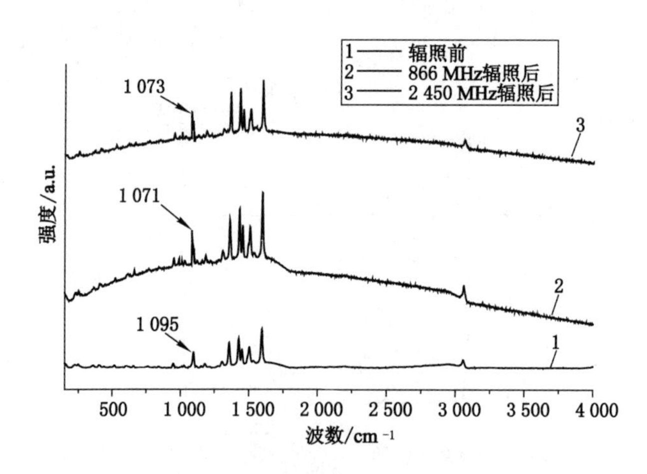

图 5-8　四苯基噻吩微波辐照激光拉曼光谱

苯并噻吩经 910 MHz 和 2 450 MHz 微波作用后，碳硫键的振动峰分别红移 20 cm^{-1} 和 26 cm^{-1}，四苯基噻吩经 866 MHz 和 2 450 MHz 微波作用后，红移分别为 24 cm^{-1} 和 22 cm^{-1}。从整个拉曼谱分析，微波能改变了模型化合物分子的微环境局部结构。微波作用后，注意到模型化合物碳硫键吸收峰强度不仅没有减小，甚至出现了强度增加的现象。影响谱峰强度和对应基团含量线性关系的因素主要有两个方面：一个是设备和样品因素，包括激光强度，波长、光程、折射率、荧光背景、吸光度等；另一方面，拉曼峰强度跟晶体场的极化率有关系，当晶格发生畸变，使原子间距增大，从而改变其偶极矩时，会导致振动吸收峰强度增加。在外部电磁场作用下，分子极化程度更强，极子间的相互作用更大，电子云密度分布也会发生变换，这些构成了导致共振吸收峰增强的主要因素。

(3) 其他噻吩硫模型化合物拉曼光谱解析

图 5-9 是分子结构中包含两种含硫化学键的双(2-噻吩基)二硫的激光拉曼光谱，谱图中由于在 1 400 cm^{-1}附近出现了强的 C—H 的剪式振动吸收峰，覆盖了部分其他基团较弱的振动峰。辐照前的双(2-噻吩基)二硫光谱中，在 467 cm^{-1}和 734 cm^{-1}频移处分别出现了硫硫键和碳硫键的特征吸收峰，且硫硫键的吸收峰较强，碳硫键的强度很小；辐照后，碳硫键吸收峰消失。其原因一方面是强峰的干扰，另一方面则是在拉曼谱中 C—C、S—S、N＝N 等非极性键具有强吸收的特点。硫硫键经 842 MHz 和 2 450 MHz 微波作用后，双(2-噻吩基)二硫中硫硫键均发生了红移。

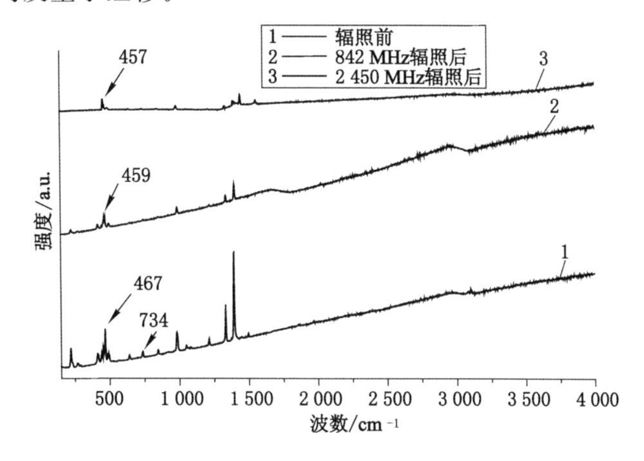

图 5-9 双(2-噻吩基)二硫微波辐照激光拉曼光谱

图 5-10 是分子中有羧基存在的 3-噻吩甲酸的激光拉曼光谱。3-噻吩甲酸经微波场作用后也有红移现象，分别红移 26 cm^{-1}和 21 cm^{-1}。与其他 5 种模型化合物不同的是，碳硫键的振动吸收峰除了发生明显的红移之外，强度也有较为明显的下降。这种基团强度的降低虽然不足以说明噻吩结构中的含量键发生了断裂，但可以证明微波能对 3-噻吩甲酸的分子构成造成了影响。

通过对微波作用前后 6 种模型化合物的激光拉曼光谱研究发现，微波场促使了含硫基团的红移现象发生。原因是微波能使模型化合物晶格振动恢复力减小，振动频率增加，原子相对运动加剧，相互作用减弱。微波能同时可以降低离子团的平均寿命，致使半高宽增大，这在 3-十二烷基噻吩的拉曼谱中有体现。

值得关注的是，6 种模型化合物中升温幅度最大的分别是 3-甲基噻吩、3-十二烷基噻吩和双(2-噻吩基)二硫(见表 5-2)，其他 3 种模型化合物温升较低。但红移最大的却是苯并噻吩、四苯基噻吩和 3-噻吩甲酸。根据拉曼吸收峰红移的机理，红移越多，说明微波能对物料的作用越大，化学结构越不稳定，更利于结构中化学键的解离。温升高的模型化合物，加热速度更快，对微波能的吸收转化能力更强，分子微结构振动加剧，分子更不稳定。但试验结果是温升快的模型化合物含硫键红移反而更小，这种现象用微波的热效应就解释不通了，应该考虑微波非热效应的存在。

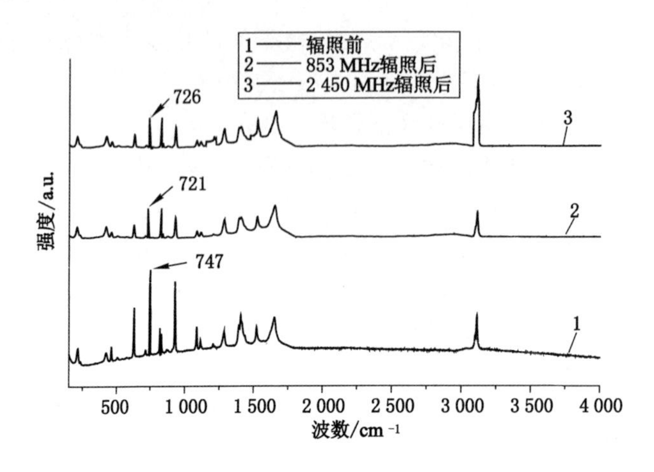

图 5-10 3-噻吩甲酸微波辐照激光拉曼光谱

5.2.3 水浴加热噻吩硫模型化合物拉曼光谱解析

微波加热和水浴或油浴加热后物料结构的变化差异分析是研究微波促进化学反应及微波辐照非热效应是否存在的常用方法。陈慧、李铁等人通过对十八烷基氨甲基芦丁、不同形貌的 ZnO 亚纳米粒子在微波加热和水浴加热条件下的合成对比试验，证明了微波加热更为均匀地、大大消除了温度梯度的影响，同时能够提高产率和稳定性[295,296]。包肖婧等人在用微波加热和水浴加热进行大麻脱胶试验的结果表明，微波辐照大麻脱胶得到的精干麻残胶率明显低于水浴锅加热大麻脱胶的精干麻残胶率。黄卡玛则发现在相同的条件下，微波加热下三磷酸腺苷水解的速率较传统速率快 12～15 倍[297]。Rodrlguez-Lopez 在用微波和水浴处理蘑菇多酚氧化酶的研究时提出，微波加热产生了具有不同稳定性和动力学性质的酶中间体，证明了微波非热效应的存在[298]。王长春等人在利用水浴提取、超声波和微波辅助提取枇杷叶中熊果酸的比较研究中，认为超声波辅助提取法和微波辅助提取法在提取得率和效率上具有明显的优势[299]。

分别从脂肪族噻吩类模型化合物、芳香族噻吩类模型化合物和其他噻吩结构模型化合物中选择 3-十二烷基噻吩、四苯基噻吩和三噻吩甲酸，通过 HH—4 数显恒温水浴锅进行水浴加热(上海蓝凯仪器仪表有限公司)，加热温度分别与微波升温温度一致。再利用 HR Evolution 显微共焦激光拉曼光谱仪进行拉曼光谱测试。3 种模型化合物水浴加热温度分别设定为 61 ℃、27 ℃、32 ℃，即分别与微波加热后模型化合物温度相同，升温过程中快速搅拌。根据噻吩含硫结构的拉曼频移范围，水浴加热拉曼谱图选择波数为 150～2 000 cm^{-1}。水浴加热前后拉曼谱见图 5-11、图 5-12 和图 5-13。

水浴加热后拉曼谱中各类官能团吸收峰的频移、半高宽和吸收强度发生了一定的变化，但其含硫键的特征峰参数与微波加热后的变化存在明显不同。3-十二烷基噻吩水浴加热后碳硫键吸收强度和半高宽几乎没有变化，向长波方向频移了 1 cm^{-1}，相对于拉曼谱的波数范围可以认为没有发生红移；四苯基噻吩吸收峰强度在水浴加热后反而增加了，这与其受微波加热后的情况相似，可以用同样的原理解释，但其频移依旧是 1 095 cm^{-1}，没有发生改变；3-噻吩甲酸的含硫键特征峰吸收强度出现了减弱，但减弱幅度较微波辐照要小得多，波数向

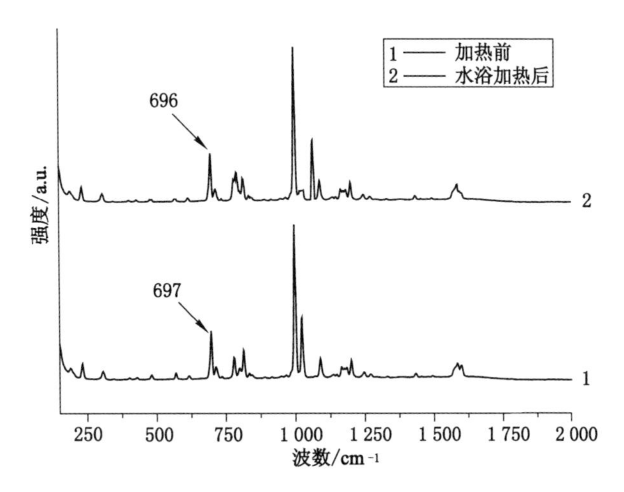

图 5-11　3-十二烷基噻吩水浴加热激光拉曼光谱

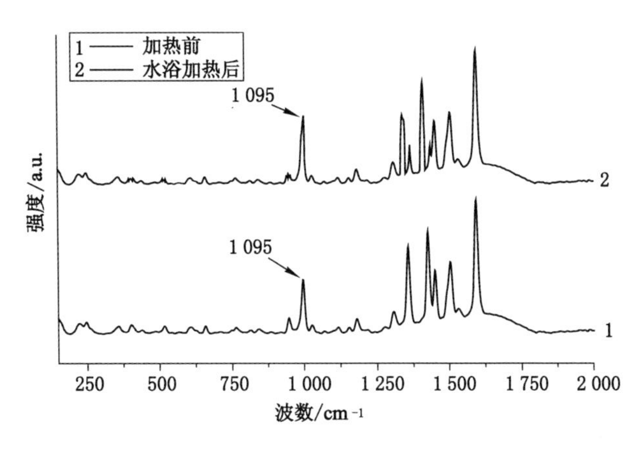

图 5-12　四苯基噻吩水浴加热激光拉曼光谱

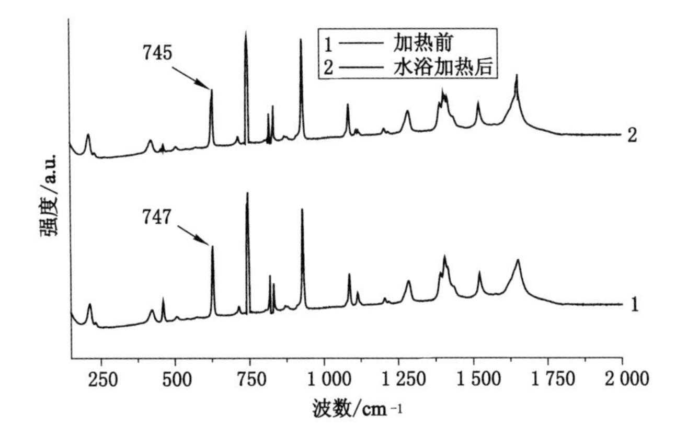

图 5-13　3-噻吩甲酸水浴加热激光拉曼光谱

长波方向频移了 2 cm^{-1}，也是几乎不变的。

相同的模型化合物，相同的温升，微波加热和水浴加热后含硫结构拉曼谱最大的区别在于微波加热有明显的红移，而水浴加热没有。从热效应的角度分析，水浴加热没有有效改变含硫结构的反应活性。在相同温度下，利用微波加热没有改变碳硫键的结构属性，但明显促使微观结构局部运动加剧，相互作用减弱，化学键解离倾向加大，这是微波非热效应在化学反应中的体现。从能量角度来讲，微波虽然不能使分子发生电子能级和振动能级跃迁，但可以促使转动能级跃迁的发生。分子一旦发生能级跃迁，就会变成一种亚稳状态，此时分子极为活跃，分子之间的有效碰撞频率大大增加，分子内部、分子与分子之间旧键的断裂、新键的形成更加频繁，从而改变反应的路径。虽然模型化合物内部传质传热不均匀，可能导致出现不同程度的温度梯度，但试验中的快速搅拌可以在很大程度上消除温度梯度，满足温度均一的反应体系要求。因此，噻吩类模型化合物微波加热和水浴加热的比较分析可以证明微波加热模型化合物存在非热效应。

5.3 外加电场对煤中有机硫结构性质的影响

微波对煤中有机硫作用的本质是在外加电磁场作用下，煤中含硫结构具有响应并发生变化。微波能量通过空间或媒质以电磁波形式传递，其对物质的作用与物质内部分子极化有着密切关系，煤中有机硫能否脱除的关键在于煤中有机硫结构中的含硫化学键是否发生断裂。通过模拟分析外加电场前后含硫模型化合物分子及 C—S 键、S—S 键结构参数，对研究微波对煤中不同结构有机硫的作用机理具有重要意义。

化学键的键长、键能、键角和键级是分子结构的基本构型参数，表征了化学键强弱和性质。键长是两个成键原子之间的平均核间距离。键角是分子中两个相邻共价键之间的夹角，受分子内结构的影响。键角能够反映化学键所受张力的大小，化学键受到压缩，键角减小，张力迫使化学键要恢复原来应有的键角，使得化学键有断裂的趋势，分子内能较大，分子就不稳定，容易发生反应。键角大小首先取决于围绕中心原子的电子对数目，也取决于它们是孤对电子还是成键电子对；其次，是中心原子电负性的影响，电负性越强，键角越大，化学键越稳定。键长和键角决定了分子的空间构型。键能是化学键形成时放出的能量或化学键断裂时吸收的能量，标志化学键的强度，用 E 表示。键级也是用来判断分子的稳定性，它的理论基础是分子轨道理论，相比化学键键能判断，键级是从分子整体出发。根据传统的分子轨道理论(MO)对键级的定义，可采用原子轨道线性组合为分子轨道法[300]，通过：键级＝(成键电子数－反键电子数)/2 进行计算。对于同为 A 和 B 两个原子组成的化学键，键级高的代表键能大，不同原子的可比性则不强。

分子偶极矩由德拜提出，用来判断分子的极性，是表征分子空间结构的又一重要参数。偶极矩越大，分子的极性也越大，分子的偶极矩为零，则为非极性分子。本研究采用 MS 软件中的 Dmol3 模块，运用密度泛函理论，进行分子结构构形参数的计算。

5.3.1 外加电场对噻吩硫模型化合物结构参数影响

微波对介质的作用，不可回避的是能量问题，由于微波能与化学中的分子能量的表示方法不同，在进行模型化合物结构参数计算之前，需要对微波能、化学键键能进行转换，微波是一种超高频电磁波，本研究以电场能替代微波能。爱因斯坦在普朗克量子化概念的基础上进一步推广，提出不仅黑体和辐射场的能量交换是量子化的，而且辐射场本身就是由不连续的光量子组成。光量子又称光子，是传递电磁相互作用的基本粒子，既是电磁辐射的载体，也是电磁相互作用的媒介子。每一个光量子能量只与光量子的频率有关，能量与频率之间的关系满足光电效应方程，见式(5-1)：

$$E = h\nu = h * c/\lambda \tag{5-1}$$

式(5-1)建立了电磁波能量与频率的关系，h 为普朗克常量，ν 为微波频率，c 为光速，λ 为波长。微波是频率为 300 MHz～300 GHz 的电磁波，根据式(5-1)计算得到微波频率下的光子能量为 $2\times10^{-25}\sim2\times10^{-22}$ J。

煤中常见 C—S、S—S 键键能数据见图 5-14。化学键键能常用单位为 kJ/mol，经过单位换算，微波能量范围是 $1.2\times10^{-4}\sim1.2\times10^{-1}$ kJ/mol。显然，微波能与煤中常见的 C—S、S—S 键键能相差数个量级，而噻吩结构最稳定，其中的 C—S 键键能较之其他结构中的更高，因此，与紫外和可见光不同的是，在理论上微波从能量角度低于布朗运动所需能量[301]，微波无法通过自身能量使煤中的碳硫键或硫硫键断裂。

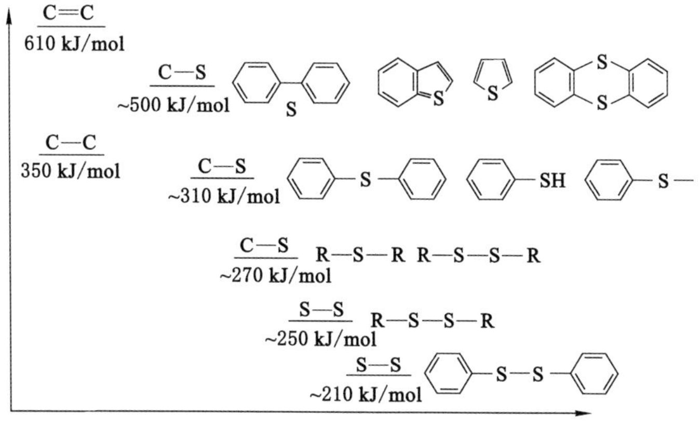

图 5-14　煤中常见碳硫键、硫硫键键能

(1) electric_field 0.000 27 0.000 2 0.000 15 电场对噻吩类模型化合物结构影响

电磁场理论中的电场强度、电位移、磁场强度、磁感应强度等重要的物理量都是矢量，矢量 A 可用它在坐标轴上的投影表示，如图 5-15 所示。矢量 A 的方向用单位矢量 e_A 表示，空间任一点矢量的位置由位置矢量 r 表示，在直角坐标中位置矢量可用式(5-2)表示[302]：

$$r = e_x x + e_y y + e_z z \tag{5-2}$$

电场和磁场均为矢量场，矢量场常用图 5-16 的力线表示。描述物理状态空间分布的矢量函数在确定的时间状态下，其大小和方向具有唯一性，即矢量和矢量场具有不变特性。直角坐标系中的矢量函数见式(5-3)：

$$F(r) = F(x,y,z) = e_x F_x(x,y,z) + e_y F_y(x,y,z) + e_z F_z(x,y,z) \tag{5-3}$$

电磁波为横波，电磁波的磁场、电场及其行进方向三者互相垂直。平面电磁波是电磁波

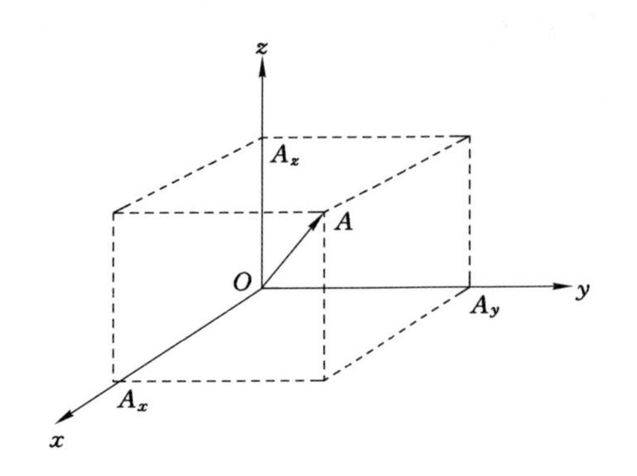

图 5-15　矢量 A 的直角坐标表示

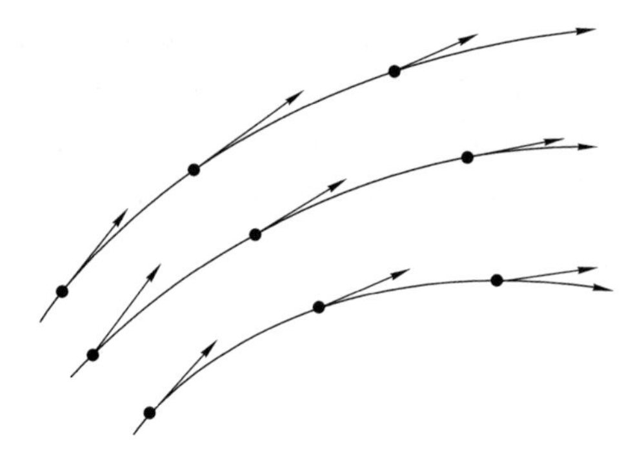

图 5-16　矢量场的力线

在空间传播中最简单、最基本的波形，其沿传播方向 v 上各点的电场 E 和磁场 H 瞬时值如图 5-17 所示。

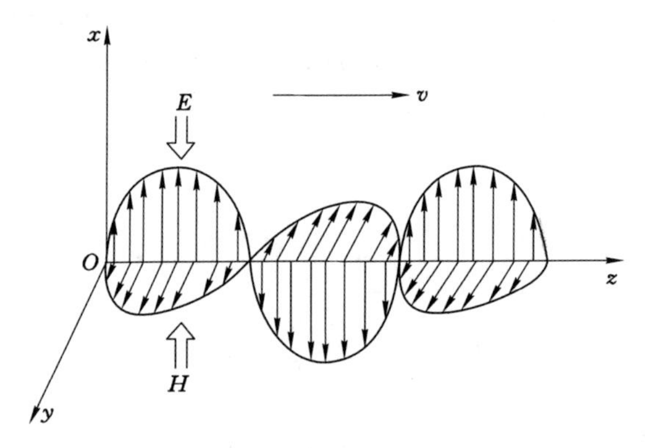

图 5-17　平面波瞬间波形

微波是电磁波，微波场由电场和磁场组成，是一个三维不均匀场，微波在加热反应时，电场具有重要作用[303]。首先，电场对反应体系中的极性分子和可产生瞬时偶极的非极性分子进行极化，分子偶极在施加电场作用下规矩排列。当电场方向改变时，分子偶极随即试图调整方向并进行重排。由于分子间摩擦和介电损耗，电能转化为热能，反应体系快速升温。其次，电场可通过离子传导对微波场内带电粒子（如离子液体）产生作用，带电粒子在微波作用下剧烈震荡，与相邻分子或原子发生碰撞，实现对物质的加热。为了使模拟电场更接近微波场，在用 MS 软件进行模拟计算时，加入的也是一个三维不均匀电场。根据电场强度与微波能量的换算，设置 electric_field 0.000 27 0.000 2 0.000 15 作为外加电场的能量和方向参数，结构优化和偶极矩计算的参数设置与 4.5.2 中的一致，计算文件.input 分别见图 5-18、图 5-19。

图 5-18、图 5-19 中标注黑线的数据为外加电场大小，单位是 a.u.。在此外加电场下，噻吩类模型化合物的结构参数变化见表 5-2，表中含硫结构代码代表的模型化合物与 4.5.2 中的相同。外加电场前后分子构型见图 5-20，图中每种模型化合物的 3 个结构分别是外加电场前、外加电场为 electric_field 0.000 27 0.000 2 0.000 15 和外加电场为 electric_field 0.000 2 0.000 15 0.000 27 作用后的构型。表 5-2 是模型化合物及外加电场为 electric_

```
3D Atomistic.xsd
3D Atomistic.input
# Task parameters
Calculate                       optimize
Opt_energy_convergence          2.0000e-005
Opt_gradient_convergence        4.0000e-003 A
Opt_displacement_convergence    5.0000e-003 A
Opt_iterations                  50
Opt_max_displacement            0.3000 A
Initial_hessian                 improved
Symmetry                        off
Max_memory                      2048
# Electronic parameters
Spin_polarization               unrestricted
Charge                          0
Basis                           dnd
Pseudopotential                 none
Functional                      gga(p91)
Aux_density                     octupole
Integration_grid                medium
Occupation                      fermi
Cutoff_Global                   3.6000 angstrom
Scf_density_convergence         1.0000e-005
Scf_charge_mixing               0.2000
Scf_spin_mixing                 0.5000
Scf_iterations                  50
Scf_diis                        6 pulay
# Print options
Print                           eigval_last_it
# Calculated properties
Electrostatic_moments           on
Mulliken_analysis               charge
Hirshfeld_analysis              charge
Bond_orders                     on
Grid                            msbox  3 0.2500 0.2500 0.2500 3.0000
electric_field 0.00027 0.0002 0.00015
```

图 5-18 外加电场结构优化计算文件

```
3D Atomistic.xsd
3D Atomistic.input
# Task parameters
Calculate                       energy
Symmetry                        off
Max_memory                      2048
# Electronic parameters
Spin_polarization               unrestricted
Charge                          0
Basis                           dnd
Pseudopotential                 none
Functional                      gga(p91)
Aux_density                     octupole
Integration_grid                medium
Occupation                      fermi
Cutoff_Global                   3.6000 angstrom
Scf_density_convergence         1.0000e-005
Scf_charge_mixing               0.2000
Scf_spin_mixing                 0.5000
Scf_iterations                  50
Scf_diis                        6 pulay
# Print options
Print                           eigval_last_it
# Calculated properties
Electrostatic_moments           on
Mulliken_analysis               charge
Hirshfeld_analysis              charge
Bond_orders                     on
Grid                            msbox  3 0.2500 0.2500 0.2500 3.0000
electric_field 0.00027 0.0002 0.00015
```

图 5-19 外加电场偶极矩计算文件

field 0.000 27 0.000 2 0.000 15 作用后分子偶极矩和碳硫键、硫硫键的键长键级数据。

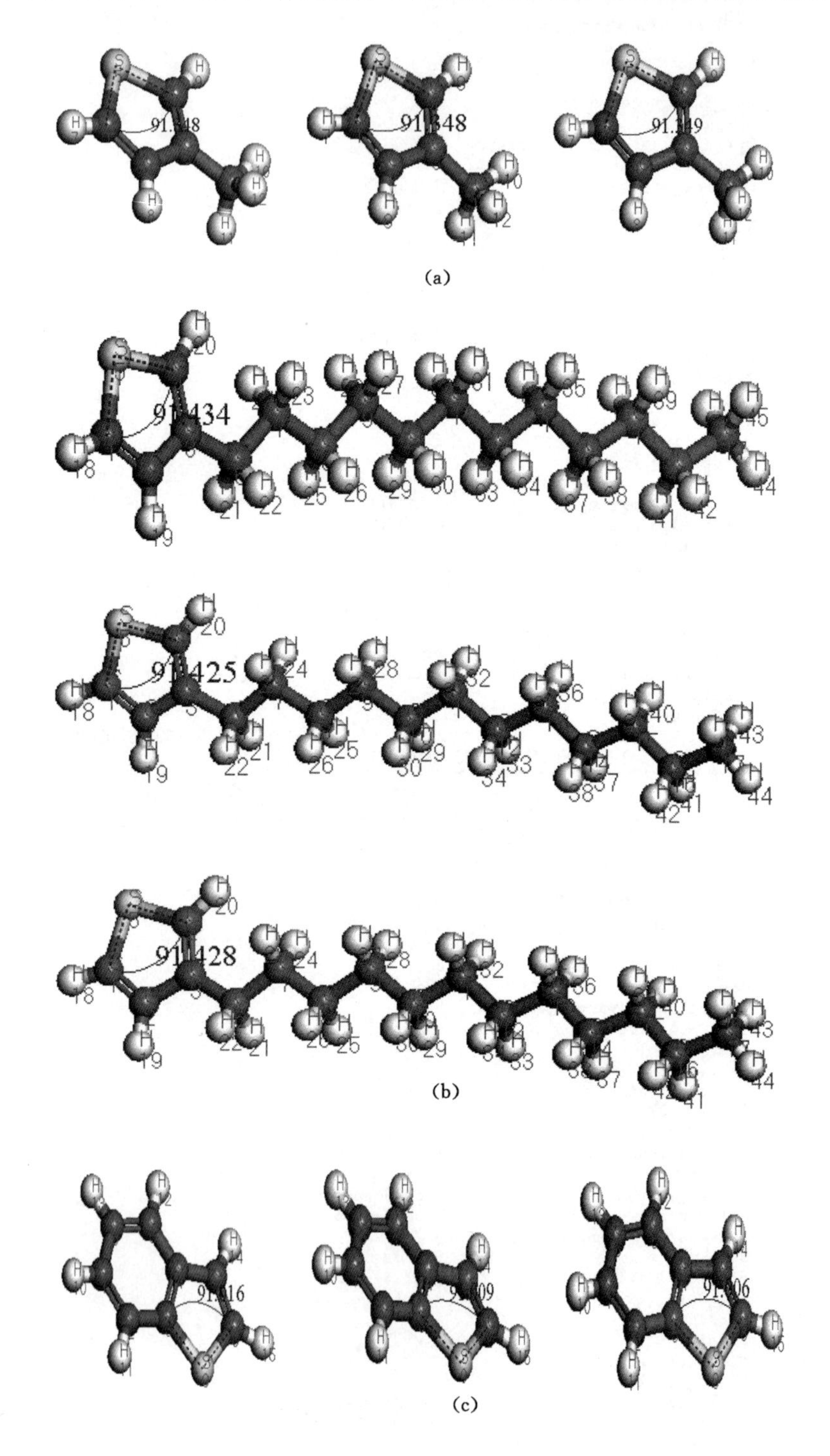

图 5-20　外加电场前后噻吩类模型化合物分子构型

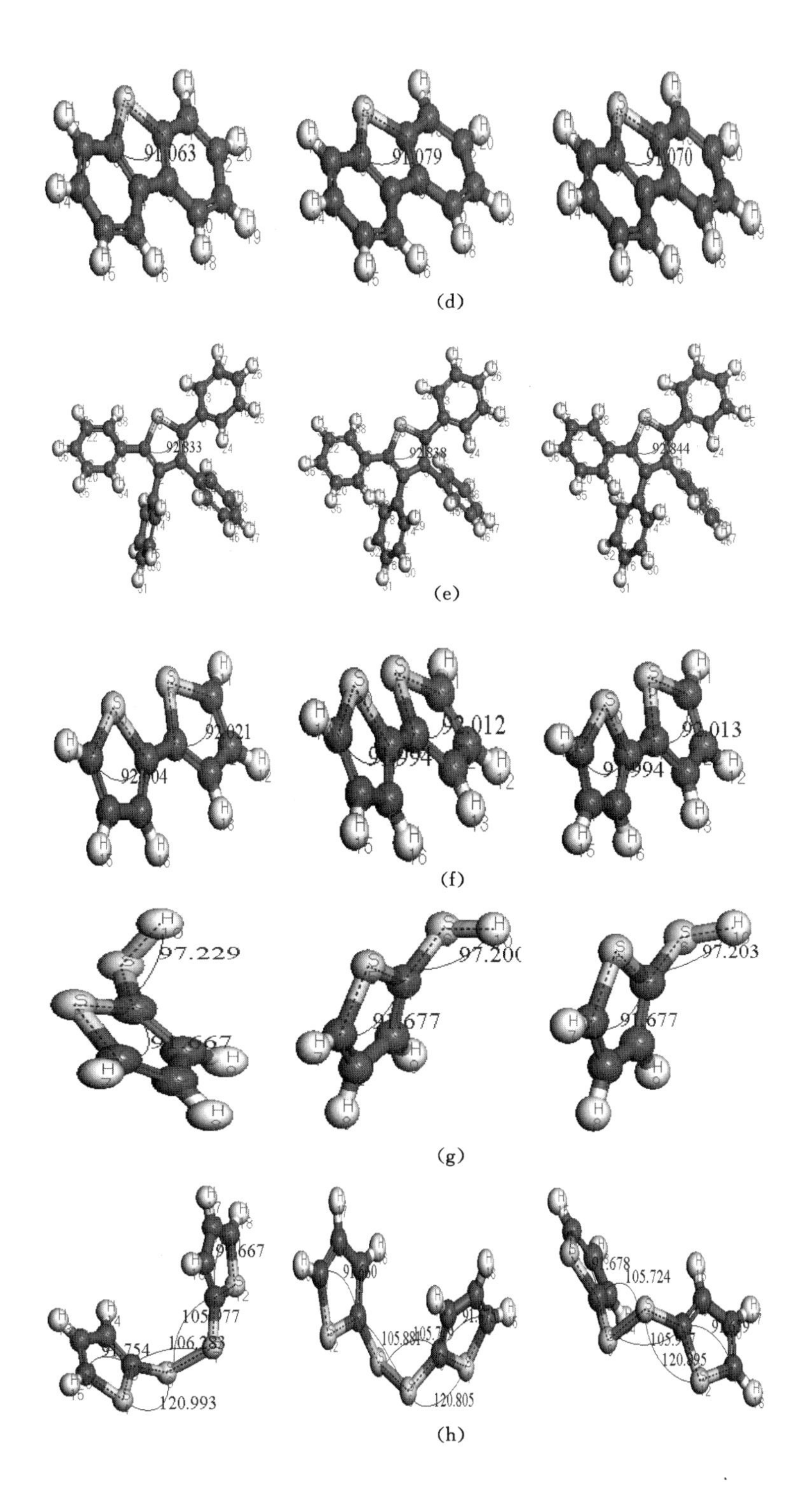

续图 5-20 外加电场前后噻吩类模型化合物分子构型

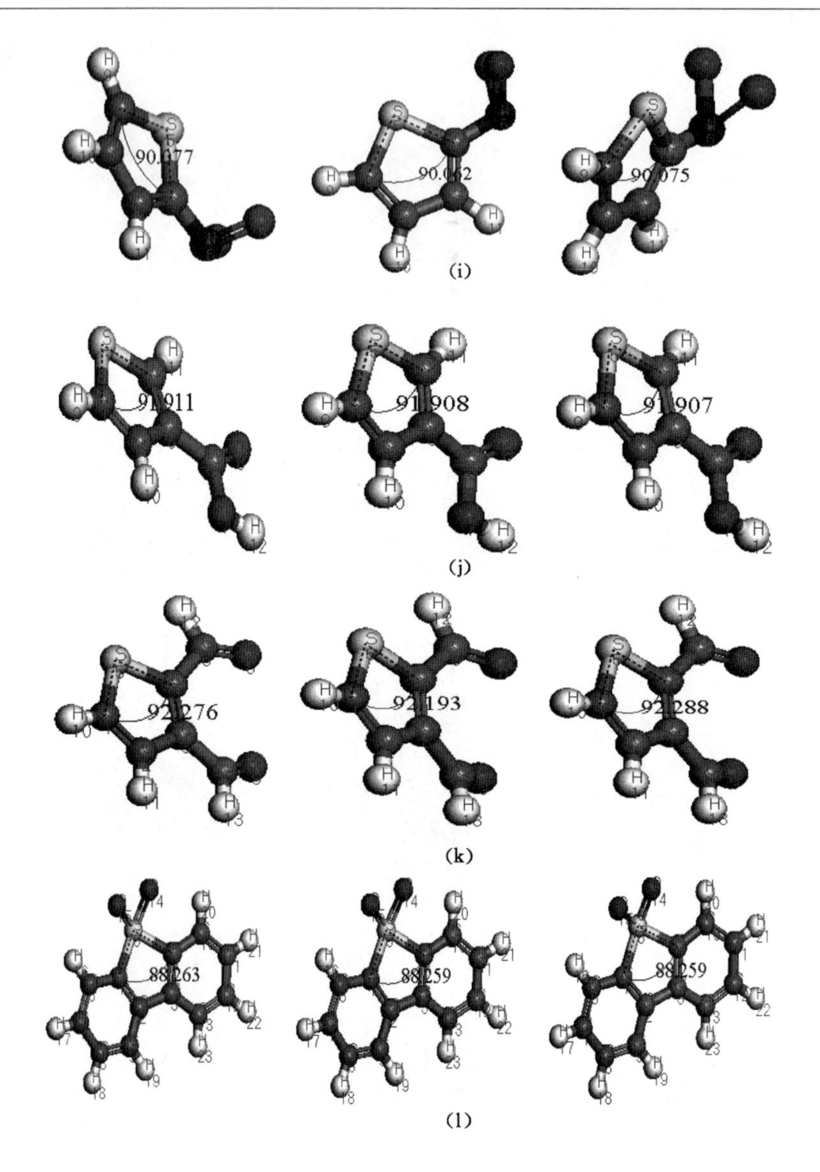

续图 5-20 外加电场前后噻吩类模型化合物分子构型

根据表 5-4 中的模拟计算数据对比分析，在外加电场为 electric_field 0.000 27 0.000 2 0.000 15 作用后，12 种不同结构的噻吩类模型化合物中碳硫键和硫硫键的键长、键级变化都很小，甚至是不变，说明该外加电场对化学键的拉伸、扭转作用非常有限，不具备改变化学键的基本参数的能力。分子偶极矩表征的是分子极性，经电场作用后，模型化合物的偶极矩都有不同程度的变化，变化情况分成两种：3-甲基噻吩、3-十二烷基噻吩、苯并噻吩、二苯并噻吩、四苯基噻吩、2,2-双噻吩和 3-噻吩甲酸共 7 种模型化合物偶极矩增大；噻吩-2-硫醇、双(2-噻吩基)二硫、2-硝基噻吩、噻吩-2,3-二甲醛、二苯并噻吩砜共 5 种模型化合物偶极矩减小。无论是增大还是减小，偶极矩变化范围都较小。因此施加的 electric_field 0.000 27 0.000 2 0.000 15 电场对模型化合物构型及基本参数的影响有限。

表 5-4 噻吩类模型化合物在 electric_field 0.000 27 0.000 2 0.000 15 外加电场前后结构参数表

含硫结构代码	化学键	外加电场前			外加电场后		
		键长/Å	键级	分子偶极矩/D	键长/Å	键级	分子偶极矩/D
a	C1—S5	1.730	0.872	0.695 9	1.730	0.872	0.705 7
	C4—S5	1.730	0.878		1.730	0.878	
b	C1—S5	1.732	0.869	0.894 8	1.732	0.869	0.971 5
	C4—S5	1.730	0.870		1.730	0.870	
c	C3—S9	1.751	0.805	0.445 1	1.751	0.805	0.539 6
	C8—S9	1.744	0.824		1.744	0.824	
d	C5—S7	1.760	0.777	0.519 9	1.759	0.778	0.597 5
	C8—S7	1.760	0.780		1.760	0.780	
e	C1—S5	1.744	0.844	0.885 5	1.744	0.844	0.919 5
	C4—S5	1.742	0.845		1.741	0.845	
f	C1—S5	1.730	0.845	0.521 1	1.730	0.845	0.589 9
	C4—S5	1.750	0.841		1.750	0.841	
	C6—S1 0	1.730	0.845		1.730	0.845	
	C9—S10	1.749	0.844		1.749	0.844	
g	C1—S5	1.727	0.865	1.170 0	1.727	0.864	1.163 8
	C4—S5	1.745	0.817		1.745	0.817	
	C4—S6	1.765	0.744		1.765	0.744	
h	C5—S4	1.722	0.871	2.665 7	1.723	0.869	2.655 2
	C3—S4	1.750	0.801		1.750	0.800	
	C3—S6	1.754	0.739		1.754	0.738	
	S6—S7	2.138	0.566		2.137	0.567	
	C8—S7	1.753	0.740		1.753	0.739	
	C8—S12	1.751	0.799		1.750	0.799	
	C11—S12	1.722	0.870		1.722	0.871	
i	C1—S5	1.725	0.861	3.666 1	1.725	0.862	3.628 7
	C4—S5	1.750	0.813		1.751	0.812	
j	C1—S5	1.736	0.846	2.028 8	1.736	0.846	2.107 6
	C4—S5	1.714	0.901		1.714	0.901	
k	C1—S5	1.717	0.876	6.264 2	1.716	0.877	6.080 2
	C4—S5	1.743	0.806		1.743	0.807	
l	C1—S5	1.821	0.724	4.544 1	1.821	0.723	4.483 8
	C4—S5	1.817	0.726		1.817	0.727	
	S5—O15	1.726	0.314		1.726	0.314	
	S5—O14	1.735	0.303		1.734	0.304	

(2) electric_field 0.000 2 0.000 15 0.000 27 电场对噻吩类模型化合物结构影响

根据微波场和微波的传输特性,考虑微波传播的方向性,在微波能量范围内调整不同方向的外加电场能量大小,在 x,y,z 方向的能量大小分别为 electric_field 0.000 2 0.000 15 0.000 27,考察化学键参数及分子构型变化,参数大小见表 5-5。

表 5-5　　噻吩类模型化合物在外加电场前后结构参数表

含硫结构代码	化学键	外加电场后		分子偶极矩/D		
		键长/Å	键级	外加电场前	electric_field 0.000 27 0.000 2 0.000 15	electric_field 0.000 2 0.000 15 0.000 27
a	C1—S5	1.730	0.872	0.695 9	0.705 7	0.715 2
	C4—S5	1.730	0.878			
b	C1—S5	1.732	0.868	0.894 8	0.971 5	1.039 9
	C4—S5	1.730	0.870			
c	C3—S9	1.751	0.805	0.445 1	0.539 6	0.536 6
	C8—S9	1.745	0.824			
d	C5—S7	1.760	0.778	0.519 9	0.597 5	0.494 2
	C8—S7	1.760	0.780			
e	C1—S5	1.744	0.844	0.885 5	0.919 5	0.966 7
	C4—S5	1.741	0.845			
f	C1—S5	1.730	0.845	0.521 1	0.589 9	0.588 0
	C4—S5	1.750	0.841			
	C6—S10	1.730	0.844			
	C9—S10	1.749	0.845			
g	C1—S5	1.727	0.864	1.170 0	1.163 8	1.240 3
	C4—S5	1.745	0.817			
	C4—S6	1.765	0.744			
h	C5—S4	1.723	0.869	2.665 7	2.655 2	2.688 5
	C3—S4	1.751	0.800			
	C3—S6	1.754	0.738			
	S6—S7	2.137	0.566			
	C8—S7	1.753	0.740			
	C8—S12	1.750	0.799			
	C11—S12	1.722	0.871			
i	C1—S5	1.725	0.862	3.666 1	3.628 7	3.619 6
	C4—S5	1.751	0.812			
j	C1—S5	1.736	0.846	2.028 8	2.107 6	2.020 4
	C4—S5	1.714	0.901			

续表 5-5

含硫结构代码	化学键	外加电场后		分子偶极矩/D		
		键长/Å	键级	外加电场前	electric_field 0.000 27 0.000 2 0.000 15	electric_field 0.000 2 0.000 15 0.000 27
k	C1—S5	1.715	0.877	6.264 2	6.080 2	6.116 1
	C4—S5	1.744	0.806			
l	C1—S5	1.821	0.723	4.544 1	4.483 8	4.467 3
	C4—S5	1.817	0.727			
	S5—O15	1.726	0.314			
	S5—O14	1.734	0.304			

综合表 5-4 和表 5-5 的数据，碳硫键和硫硫键键长和键级在两个不同方向和能量的外加电场作用后均无明显变化。但考察偶极矩发现，与外加电场 electric_field 0.000 27 0.000 2 0.000 15 不同的是，同外加电场前比较，在外加电场调整为 electric_field 0.000 2 0.000 15 0.000 27 后，二苯并噻吩和 3-噻吩甲酸的偶极矩不升反降，而噻吩-2-硫醇和二噻吩二硫的偶极矩有所增加。改变外加电场后，模型化合物偶极矩也有变化，其中 6 种增加，另外 6 种降低。

图 5-20 提供了外加电场前后噻吩类模型化合物 C—S 键和 S—S 键键角的数据，与表征化学键强弱的键长和键级不同的是，作为描述分子立体结构的重要参数，在电场作用下，12 种模型化合物的键角大小几乎都发生了变化。键角的大小与键长和键能无关，但可以影响化学键所受到的张力，键角始终有向最稳定形式转变的趋势，键角的变化证明了外加电场使模型化合物化学键的张力发生了改变。

基于以上对模型化合物化学键键长、键级、键角及分子偶极矩的分析，可知微波能不足以使噻吩结构的化学键发生断裂，这与噻吩结构的稳定性是相符的，同时，从理论上解释了微波辐照后煤中噻吩类含量没有降低的原因。但值得注意的是，模拟微波的外加电场可以有效改变模型化合物的分子构型和分子极性。

由于两个外加场的能量变化很小，对表征化学键稳定性的键长和键级影响甚微，为了进一步研究外加能量对化学结构的影响，选择继续加大电场能量，考察外加能量场对模型化合物的微观结构的影响。

(3) electric_field 0.027 0.02 0.015 电场对噻吩类模型化合物结构影响

保持外加电场的方向不变，能量大小从 electric_field 0.000 27 0.000 2 0.000 15 增加为 electric_field 0.027 0.02 0.015，模型化合物的构型及相关参数分别见图 5-21 和表 5-6。

从图 5-21 和表 5-6 可以看出，当外加电场达到 electric_field 0.027 0.02 0.015 时，噻吩类模型化合物的结构参数和构型与之前有很大的不同，有 3 种模型化合物在此条件下没有结构优化成功，分别是 3-十二烷基噻吩、四苯基噻吩和双(2-噻吩基)二硫。原因以双(2-噻吩基)二硫为例进行说明。双(2-噻吩基)二硫在 electric_field 0.027 0.02 0.015 的外电场作用下，结构优化进行到 20 步时失败，迭代步骤和收敛条件分别见图 5-22 和图 5-23。从这两幅图中可以看到，优化失败的原因是结构能量无法收敛，没有达到最低状态，即无法优化

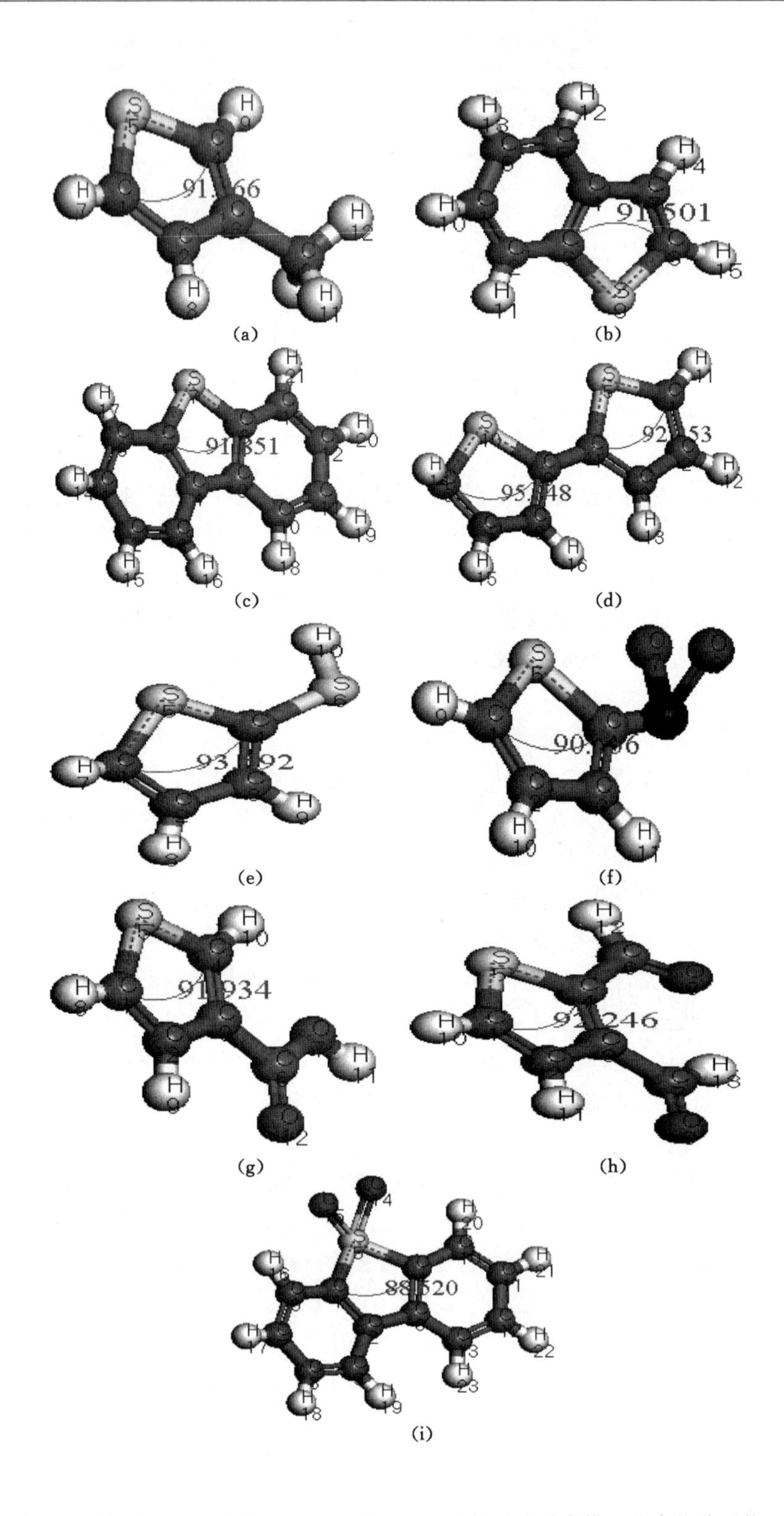

图 5-21　外加 electric_field 0.027 0.02 0.015 电场后噻吩类模型化合物分子构型

表 5-6　噻吩类模型化合物在 electric_field 0.027 0.02 0.015 外加电场前后结构参数表

含硫结构代码	化学键	外加电场前			外加电场后		
		键长/Å	键级	分子偶极矩/D	键长/Å	键级	分子偶极矩/D
a	C1—S5	1.730	0.872	0.695 9	1.737	0.855	6.971 4
	C4—S5	1.730	0.878		1.723	0.897	
b	C1—S5	1.732	0.869	0.894 8	—	—	—
	C4—S5	1.730	0.870		—	—	
c	C3—S9	1.751	0.805	0.445 1	1.754	0.791	10.238 4
	C8—S9	1.744	0.824		1.771	0.741	
d	C5—S7	1.760	0.777	0.519 9	1.734	0.845	21.072 2
	C8—S7	1.760	0.780		1.772	0.737	
e	C1—S5	1.744	0.844	0.885 5	—	—	—
	C4—S5	1.742	0.845		—	—	
f	C1—S5	1.730	0.845	0.521 1	1.719	0.844	25.127 9
	C4—S5	1.750	0.841		1.784	0.747	
	C6—S10	1.730	0.845		1.821	0.747	
	C9—S10	1.749	0.844		1.811	0.766	
g	C1—S5	1.727	0.865	1.170 0	1.722	0.778	11.254 8
	C4—S5	1.745	0.817		1.768	0.800	
	C4—S6	1.765	0.744		1.735	0.872	
h	C5—S4	1.722	0.871	2.665 7	—	—	—
	C3—S4	1.750	0.801		—	—	
	C3—S6	1.754	0.739		—	—	
	S6—S7	2.138	0.566		—	—	
	C8—S7	1.753	0.740		—	—	
	C8—S12	1.751	0.799		—	—	
	C11—S12	1.722	0.870		—	—	
i	C1—S5	1.725	0.861	3.666 1	1.743	0.825	6.568 5
	C4—S5	1.750	0.813		1.752	0.784	
j	C1—S5	1.736	0.846	2.028 8	1.745	0.825	9.342 9
	C4—S5	1.714	0.901		1.725	0.886	
k	C1—S5	1.717	0.876	6.264 2	1.743	0.837	9.955 8
	C4—S5	1.743	0.806		1.763	0.742	
l	C1—S5	1.821	0.724	4.544 1	1.846	0.673	21.767 0
	C4—S5	1.817	0.726		1.812	0.742	
	S5—O15	1.726	0.314		1.710	0.344	
	S5—O14	1.735	0.303		1.682	0.364	

出最稳定的结构。经过 20 步后虽然迭代优化终止，但仍然有一个构型，当然是不稳定的构型，见图 5-24。

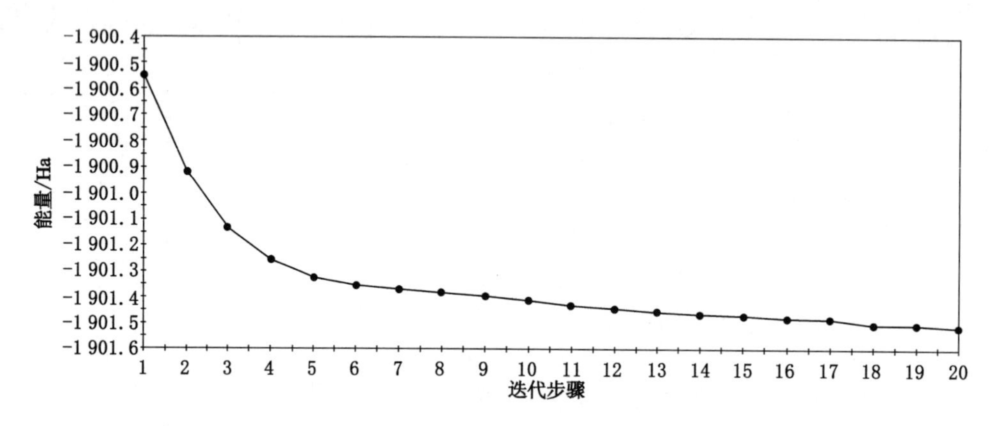

图 5-22　双(2-噻吩基)二硫结构优化迭代步骤

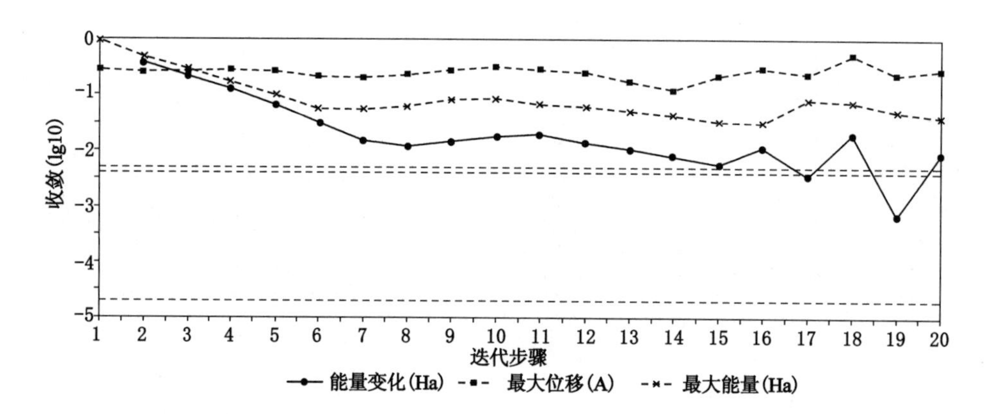

图 5-23　双(2-噻吩基)二硫结构优化收敛条件

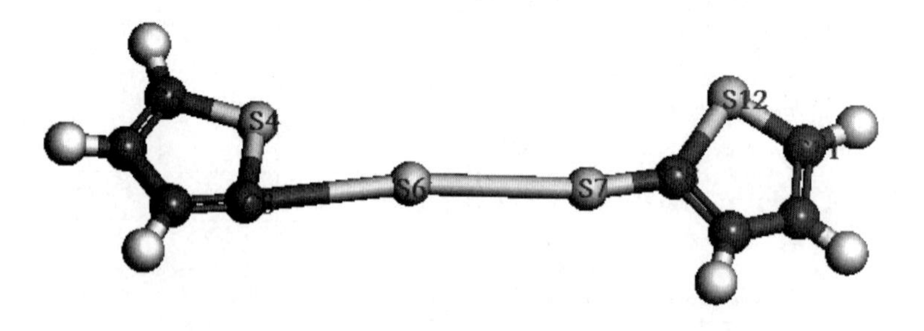

图 5-24　双(2-噻吩基)二硫经 20 步优化后的构型

图 5-24 虽然不能称为双(2-噻吩基)二硫的结构优化结果，无法获知结构参数，但从中可以获取一定的信息。较之图 5-20 中双(2-噻吩基)二硫的构型，C3—S6、S6—S7 两键被显著拉伸，键长明显拉长。双(2-噻吩基)二硫属于对称分子结构，但在外电场作用下，结构发生了严重的扭曲变形，C3—S6、S6—S7、S7—C8 三个化学键几乎被拉成直线，本应对称的 C3—S6 和

S7—C8 两个化学键键长差别明显，充分说明了电磁场作为矢量场的特性。同时，可以根据图 5-24 判断结构优化失败的原因可能是分子结构中的某个化学键发生了断裂。

在 electric_field 0.027 0.02 0.015 外电场的作用下，模拟计算成功的 9 种噻吩类模型化合物的键角、键长、键级和分子偶极矩都发生了明显改变，键长和分子偶极矩普遍增大，键级减小，键角发生变化。说明外加电场能量对模型化合物的分子空间构型产生了较大影响。

从外加电场为 electric_field 0.00027 0.0002 0.00015 调整为 electric_field 0.00020 0.00025 0.00027 后，噻吩类模型化合物偶极矩的变化以及 electric_field 0.027 0.02 0.015 电场下双(2-噻吩基)二硫的构型变化，证明了微波场作为矢量场，其对化学结构的影响不仅仅限于能量，方向性同样重要，在不同方向施加相同的电场强度，对分子的构型和偶极矩的影响效果是不同的。可见，微波对介质的作用，不能仅仅从能量的角度分析，如何施加与物料结构相匹配的矢量场应该是一个重要的研究内容。

虽然施加的 electric_field 0.027 0.02 0.015 电场能量已经超出了微波能的范围，但是该电场的能量依然低于常见碳硫键和硫硫键键能 2 个数量级。而在此电场下模拟出的模型化合物构型变化，从另一个角度再次证明微波场对含硫结构的作用不能只从能量大小进行考量。而且介质在微波场中可能的确存在一个旧键断裂、新键生成的过程，并在此过程中生成某种过渡态。

5.3.2 外加电场对硫醇硫醚类有机硫模型化合物结构的影响

为了进一步解释微波辐照试验中硫醇硫醚类有机硫相对含量下降明显、噻吩硫相对含量不降反升的原因，选择与噻吩类模型化合物结构相似的硫醇硫醚类模型化合物，模拟计算施加 electric_field 0.000 2 0.000 15 0.000 27 电场作用下结构参数的变化。硫醇硫醚类模型化合物的选择和外加电场前后结构参数分别见表 5-7 和表 5-8。

表 5-7 硫醇硫醚类模型化合物分子构型及偶极矩计算表

含硫结构代码	名称	分子式	分子结构	优化分步	分子偶极矩/D
p	乙硫醇	C_2H_6S	S	10	1.450 2
q	正十二烷基硫醇	$C_{12}H_{26}S$	S	13	1.657 4
r	苄硫醇	C_7H_8S	S	17	1.268 9
s	巯基乙酸	$C_2H_4O_2S$	HS OH O	17	3.711 8
t	甲硫醚	C_2H_6S	S	12	1.414 7
u	二甲基二硫醚	$C_2H_6S_2$	S S	26	1.870 3
v	二苯硫醚	$C_{12}H_{10}S$	S	23	1.659 1

表 5-8　硫醇硫醚类模型化合物在 electric_field 0.000 2 0.000 15 0.000 27 外加电场前后结构参数表

<table>
<tr><th rowspan="2">含硫结构代码</th><th rowspan="2">化学键</th><th colspan="3">外加电场前</th><th colspan="3">外加电场后</th></tr>
<tr><th>键长/Å</th><th>键级</th><th>分子偶极矩/D</th><th>键长/Å</th><th>键级</th><th>分子偶极矩/D</th></tr>
<tr><td>p</td><td>C—S</td><td>1.841</td><td>0.613</td><td>1.430 5</td><td>1.843</td><td>0.611</td><td>1.450 2</td></tr>
<tr><td>q</td><td>C—S</td><td>1.841</td><td>0.618</td><td>1.516 4</td><td>1.844</td><td>0.612</td><td>1.657 4</td></tr>
<tr><td>r</td><td>C—S</td><td>1.857</td><td>0.576</td><td>1.222 4</td><td>1.860</td><td>0.572</td><td>1.268 9</td></tr>
<tr><td>s</td><td>C—S</td><td>1.830</td><td>0.633</td><td>3.711 8</td><td>1.834</td><td>0.630</td><td>3.748 4</td></tr>
<tr><td rowspan="2">t</td><td>C1—S2</td><td>1.823</td><td>0.614</td><td rowspan="2">1.388 9</td><td>1.826</td><td>0.611</td><td rowspan="2">1.414 7</td></tr>
<tr><td>C3—S2</td><td>1.822</td><td>0.615</td><td>1.826</td><td>0.612</td></tr>
<tr><td rowspan="3">u</td><td>C1—S2</td><td>1.835</td><td>0.577</td><td rowspan="3">1.870 3</td><td>1.838</td><td>0.572</td><td rowspan="3">1.890 9</td></tr>
<tr><td>S2—S3</td><td>2.066</td><td>0.674</td><td>2.071</td><td>0.670</td></tr>
<tr><td>C4—S3</td><td>1.836</td><td>0.575</td><td>1.838</td><td>0.571</td></tr>
<tr><td rowspan="2">v</td><td>C4—S7</td><td>1.787</td><td>0.689</td><td rowspan="2">1.639 0</td><td>1.791</td><td>0.687</td><td rowspan="2">1.659 1</td></tr>
<tr><td>C8—S7</td><td>1.791</td><td>0.688</td><td>1.793</td><td>0.685</td></tr>
</table>

选择的 7 种模型化合物中有 3 种存在 C—S—C 或 C—S—S 结构，其外加电场前后空间构型变化见图 5-25。

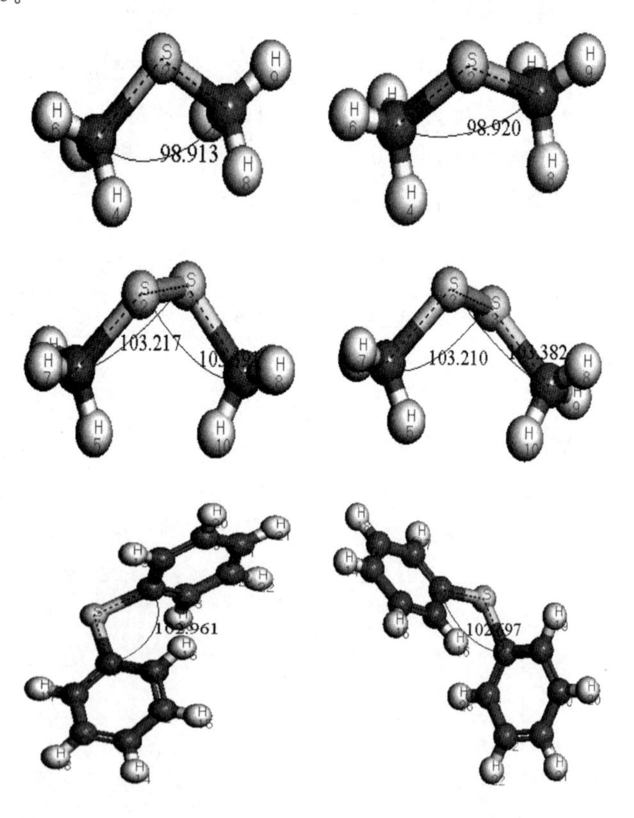

图 5-25　硫醚类模型化合物空间构型变化

根据模拟计算结果，硫醇硫醚类模型化合物在同样的外加电场作用下的参数变化是强于噻吩类模型化合物的，而且具有规律性的变化。其分子偶极矩全部增大，键长均变长，键级都缩小，键角也都发生变化，说明同样的外加能量对硫醇硫醚结构的影响要强于噻吩结构。该结论进一步解释了微波试验中含硫结构变化的机理。

5.4　本章小结

(1) 炼焦煤在微波作用下的 XPS 分析结果显示，2 450 MHz 频率下煤中各种有机硫含量变化不明显；915 MHz 频率下煤中硫醇和硫醚的含量降低、噻吩硫含量升高、砜和亚砜含量有微弱变化。认知煤中有机含硫介质对微波具有响应，且煤中有机含硫组分经微波辐照后，有向稳定结构转化的趋势。

(2) 模型化合物在微波作用下，液体物质升温速度高于固体。激光拉曼光谱显示，微波场使含硫官能团的吸收峰发生红移。说明微波加热致使原子相对运动加剧，相互作用减弱，分子结构趋于亚稳态，化学键解离能降低。

(3) 温升速率快的模型化合物含硫基团吸收峰向长波方向的频移，明显低于温升速率慢的介质，基于这种试验现象提出微波非热效应的存在。通过微波加热和水浴加热的比较研究，发现相同的介质和温升，并在快速搅拌的试验条件下，水浴加热几乎没有拉曼谱红移现象的发生，说明水浴加热没有改变含硫结构的反应活性。获知模型化合物在微波加热过程中，除了热效应，还有非热效应。

(4) 利用密度泛函理论进行微观结构模拟计算，获取不同大小和方向的外加电场作用下模型化合物分子构型参数的变化。结果显示，微波光子能量对化学键强弱和分子极性影响不大，但外加电场改变了模型化合物的分子空间构型。调整外加电场方向后，噻吩类模型化合物结构参数发生改变，证明了微波场作为矢量场，其对化学结构的影响不仅仅限于能量，在不同方向施加相同的电场强度，对分子构型和偶极矩的影响效果是不同的。

(5) 加大外加电场能量，使其介于微波能量和含硫键键能之间时，双(2-噻吩基)二硫的构型变化，从另一个角度证明微波场对含硫结构的作用不能仅仅从能量大小进行考量，介质在微波场中可能的确存在一个旧键断裂、新键生成的过程，并在此过程中生成某种过渡态。

(6) 硫醇硫醚类模型化合物在相同的外加电场作用下的参数变化强于噻吩类模型化合物，而且具有规律性的变化，说明外加能量对硫醇硫醚结构的影响要强于噻吩结构。而双(2-噻吩基)二硫本身也含有硫醚结构。该结论可以解释微波试验中含硫结构类型的变化情况。

6 总结与展望

6.1 总结

(1) 山西高硫炼焦煤中有机硫含量较高，有机硫占总硫比例70%左右，是煤中硫的主要存在形态。XPS和XANES分析结果显示，煤中有机硫主要有硫醇、硫醚、噻吩、砜和亚砜等存在类型，其中，噻吩硫是部分炼焦煤中有机硫的最主要赋存形式，相对含量超过60%。密度分级对煤中硫的分布特征有影响，噻吩在低密度级煤中的含量更高。

(2) 通过煤的FTIR、XPS、^{13}C—NMR分析，获取煤中主要元素的赋存特征及构建煤中含硫大分子结构模型的主要参数。羟基是煤中氧的最主要赋存基团，多数以羟基π氢键、自缔合羟基氢键和羟基醚氢键形式存在。煤中芳构碳结构含量最高，苯环二取代、苯环三取代占芳香烃总量的80%以上；亚甲基则是煤中脂肪烃的主体，占脂肪烃总量的60%左右。吡啶、吡咯和氮氧化物为煤中氮的主要存在形式。

(3) 根据芳碳率、芳氢率、脂肪烃支链长度、芳核平均结构尺寸等结构参数，构建了炼焦精煤中碳原子数为184个的含硫大分子结构模型。在此模型基础上，结合煤中不同原子和结构对噻吩硫含硫键的作用和影响，从不含杂原子和包含杂原子两个角度遴选与煤中噻吩硫结构相匹配的系列模型化合物。

(4) 选择传输反射法，研究煤及噻吩硫模型化合物在0～18 GHz微波频段的介电特征。结果显示，高硫炼焦煤及模型化合物具有较强的吸波特性，介电损耗最大值多数出现在16～17 GHz的高频段。通过高硫煤与低硫煤的比较研究，发现在多数频率区间内，低硫煤与微波的耦合作用远低于高硫煤。脂链长度、苯环个数、杂原子对噻吩结构的介电参数具有影响，但规律性不强。

(5) 基于民用微波频率的限制，重点考察介质在915 MHz和2 450 MHz两个频点处的介电参数。煤的ε''和$\tan\delta$值在915 MHz处略低于2 450 MHz处，鉴于煤的高度不均一性，用噻吩硫模型化合物开展替代研究。根据噻吩硫模型化合物介频和介温谱的分析结果，煤中噻吩类含硫结构在915 MHz具有更强的吸波能力。部分模型化合物介电损耗具有随温度的升高而下降的趋势。

(6) 通过模型化合物介电测试和量子力学的计算，建立了模型化合物介电性质与分子结构之间的关系，验证了在低频区用ε'描述介质极性的等价性。

(7) 煤的反射系数随微波频率的增大呈现下降趋势与其在测试频段的介电性质互为验证。煤中噻吩类有机硫结构的微波穿透深度受温度影响，并在某一温度点出现最大穿透深度，继续加温，穿透深度减小。模型化合物穿透深度与其吸波能力和微波波长具有良好的负相关性。

(8) 微波作用后，炼焦煤中硫醇硫醚相对含量降低，噻吩含量升高，获知煤中有机含硫介质对微波具有响应，外加电场作用下的模型化合物结构参数的变化规律为这一结论提供了理论支撑。这种趋势在 915 MHz 频率微波辐照试验中表现更为突出，可以作为微波脱硫频率选择的依据。

(9) 根据微波加热前后噻吩硫模型化合物谱学特征分析结果，发现微波加热使原子相对运动加剧，原子间作用力减弱，分子结构趋于亚稳态，化学键解离能降低。另外，温升速率快的模型化合物含硫基团吸收峰的红移波数明显低于温升速率慢的介质，基于这种试验现象提出微波非热效应的存在。

(10) 通过微波加热和水浴加热的比较研究，发现相同的介质和温升，并在快速搅拌的试验条件下，水浴加热没有改变含硫结构的反应活性。获知模型化合物在微波加热过程中有非热效应的存在。

(11) 利用 Materials Studio 模拟计算平台，基于密度泛函理论对模型化合物微观结构进行模拟计算，获取不同大小和方向的外加电场作用下模型化合物分子构型参数的变化。结果显示，微波光子能量对化学键强弱和分子极性影响不大，但外加电场改变了模型化合物的分子空间构型。

(12) 外加电场能量介于微波能量和含硫键键能之间时，双(2-噻吩基)二硫构型的显著变化，表明微波场作为矢量场，能量和方向都会对化学结构造成影响。而介质在微波场中可能的确存在一个旧键断裂、新键生成的过程，并在此过程中生成某种不稳定的过渡态。

6.2 本书的主要创新点

(1) 基于多种分析测试结果，构建了山西炼焦煤大分子含硫结构模型，丰富了煤中硫赋存形态的理论体系，为脱除煤中有机硫提供了理论基础。

(2) 认知不同结构噻吩类模型化合物的介电和介温特性，初步掌握了煤中有机硫(噻吩类)对微波的响应规律。

(3) 阐明了微波难以脱除噻吩类硫的内在原因，验证了微波对煤作用的非热效应。

6.3 展望

模型化合物介电和介温性质的研究，是为煤中有机含硫组分对微波的响应与脱除提供理论支撑的。虽然通过高硫煤和低硫煤介电特性的比较研究，发现煤中有机硫的吸波特性在高频区更强，但鉴于煤的复杂体系，从煤中剥离出有机硫大分子化合物并研究其介频、介温特征，可以更加准确地阐述含硫组分对微波的响应机制。

基于煤中噻吩硫在高频区对微波的吸收特征，开展 20～40 GHz 频段介电性质的研究是必要的，且民用微波频率包括 22 125 MHz 频点。一旦发现含硫基团在 20～40 GHz 有强吸收峰，那么，高频率微波脱硫设备的研制就成为在新的条件下开展微波脱硫试验的基础。

目前的研究证明煤中噻吩结构对微波具有响应，且微波可以改变含硫化合物的分子构型。但煤中噻吩结构周围的其他官能团对其微波响应特性具有哪些影响尚不清楚，微波作用下,旧的含硫键是否断裂,新的化学键有没有形成需要进一步的研究。

微波场是矢量场,研究微波对介质的作用仅仅从能量角度是不够的,相同的微波能量会产生不同方向的分量,这种方向性对分子构象的影响值得深入研究。

微波可以加快化学反应速率,甚至可以促使一些不能发生的反应发生,微波作为单一手段脱除煤中噻吩硫存在困难,在尽量不改变煤质特性的情况下,微波与化学助剂的联合脱硫是一个需要探索的方向。

参考文献

[1] 刘炯天.关于我国煤炭能源低碳发展的思考[J].中国矿业大学学报:社会科学版,2011(1):5-11.

[2] 熊建辉,段旭琴,孙亚君,等.微波技术在煤炭脱硫方面的研究进展[J].选煤技术,2013(5):89-94.

[3] 战丽,方田.中国焦煤资源分布及消耗情况[C]//2011年捣固炼焦技术、捣固焦炭质量与高炉冶炼关系学术研讨会论文集.江西:鹰潭,2011,12:33-38.

[4] 黄充,张军营,陈俊等.煤中噻吩型有机硫热解机理的量子化学研究[J].煤炭转化,2005,28(2):33-35.

[5] 李冬,张成,夏季,等.煤中形态硫在不同燃烧前预处理过程的脱除行为[J].工程热物理学报,2013,34(11):2170-2173.

[6] 唐跃刚,张会勇,彭苏萍,等.中国煤中有机硫赋存状态、地质成因的研究[J].山东科技大学学报:自然科学版,2002,21(4):1-4.

[7] 张增兰,沈江红.炼焦煤中各种形态硫在炼焦过程中的析出规律探讨[J].煤化工,2011(3):40-43.

[8] MARIA R G, DANIELA C, DANIELA C, et al. XPS surface chemical characterization of atmospheric particles of different sizes [J]. Atmospheric Environment,2015,116:146-154.

[9] GIANLUCA L,OSVALDA,MAURO CAUSÀ,et al. Probing the chemical nature of surface oxides during coal char oxidation by high-resolution XPS[J]. Carbon,2015,90:181-196.

[10] SHIGEKI K, YUTA N, MASAYUKI C, et al. Oxygen reduction activity of pyrolyzed polypyrroles studied by 15N solid-state NMR and XPS with principal component analysis[J]. Journal of the Electrochemical Society, 2012,50(1):153-162.

[11] XIA W C,YANG J G. Changes in surface properties of anthracite coal before and after inside/outside weathering processes[J]. Applied Surface Science,2014,313(15):320-324.

[12] 郭沁林.X射线光电子能谱[J].物理,2007,36(5):405-410.

[13] 陈鹏.鉴定煤中有机硫类型的方法研究[J].煤炭学报,2000,25(增刊):174-181.

[14] 谢作星.方钴矿热电化合物X射线吸收精细结构模拟计算[D].武汉:武汉理工大学,2014.23.

[15] 李士杏,骆永明,章海波,等.红壤不同粒级组分中砷的形态——基于连续分级提

取和 XANES 研究[J]. 环境科学学报,2011,31(12):2733-2739.
[16] ACHIM S,WOLFGANG P,JESUS J O,et al. Characterization of main sulfur source of wood-degrading basidiomycetes by S K-edge X-ray absorption near edge spectroscopy (XANES) [J]. International Biodeterioration & Biodegradation, 2011, 65 (8) 1215-1223.
[17] 陈良进,朱茂旭,黄香利,等. 东海内陆架沉积物中有机硫形态的 K 边 XANES 谱分析[J]. 地球化学,2015,44(1):61-70
[18] ZHANG L L,WANG C L,ZHAO Y S,et al. Speciation and quantification of sulfur compounds in petroleum asphaltenes by derivative XANES spectra[J]. Journal of Fuel Chemistry and Technology, 2013, 41(11):1328-1335.
[19] LIU L J,FEI J X,CUI M Q,et al. XANES spectroscopic study of sulfur transformations during co-pyrolysis of a calcium-rich lignite and a high-sulfur bituminous coal[J]. Fuel Processing Technology,2014,121:56-62.
[20] WANG M J,LIU L J,WANG J C,et al. Sulfur K-edge XANES study of sulfur transformation during pyrolysis of four coals with different ranks[J]. Fuel Processing Technology,2015,131:262-269.
[21] 程胜高,王艳林,运路枷. 高硫煤中有机硫赋存状态与微生物脱硫机理[J]. 中国环保产业,1996,(12):34-35.
[22] 胡军,郑宝山,王滨滨,等. 中国煤中有机硫的分布及其成因[J]. 煤田地质与勘探,2005,33(5):12-15.
[23] 罗陨飞,李文华,姜英,等. 中国煤中硫的分布特征研究[J]. 煤炭转化,2005,28(3):14-18.
[24] CHOU L C. Sulfur in coals: a review of geochemistry and origins [J]. International Journal of Coal Geology,2012,100(1):1-13.
[25] 张篷洲,赵秀荣. 用 XPS 研究我国一些煤中有机硫的存在形态[J]. 燃料化学学报,1993,21(2):205-210.
[26] 陈鹏. 用 XPS 研究兖州煤各显微组分中有机硫存在形态[J]. 燃料化学学报,1997,(3):238-240.
[27] MIURA K,MAE K,SHIMADA M,et al. Analysis of formation rates of sulfur-containing gases during the pyrolysis of various coals[J]. Energy and Fuel,2001,15(3):92.
[28] 孙成功,李保庆. 煤中有机硫形态结构和热解过程硫变迁特性的研究[J]. 燃料化学学报,1997,25(4):358-362.
[29] GRYGLEWICZ G,JASIEЙKO S. Sulfur groups in the cokes obtained from coals of different ranks[J]. Fuel Process Technology,1988,19(1):51-59.
[30] 高连芬,刘桂建,薛翦,等. 淮北煤田煤中有机硫的测定与分析[J]. 环境化学,2006,25(4):498-502.
[31] KIRIMURA K,FURUYA T,SATO R,et al. Biodesulfurization of naphthothiophene

and benzothiophene through selective cleavage of carbon-sulfur bonds by rhodococcus sp. Strain WU-K2R [J]. Applied & Environmental Microbiology, 2002, 68 (8): 3867-3872.

[32] MA X M,ZHANG M X, MIN F F, et al. Fundamental study on removal of organic sulfur from coal by microwave irradiation[J]. International Journal of Mineral Processing,2015,139(10):31-35.

[33] SUGAWARA T, KATSUYASU E, SYNCHROTRON J. XANES analysis of sulphur form change during pyrolysis of coals[J]. Fuel,2001,8(8):955-957.

[34] 张成,李婷婷,夏季,等.高硫煤不同气氛温和热解过程中含硫组分释放规律的试验研究[J].中国电机工程学报,2011,31(14):24-31.

[35] MILTON L L, DANIEL L V, DANIEL L V, et al. Capillary column gas chromatography of environmental polycyclic aromatic compounds[J]. Intern J Environ Anal Chem,1992(11):251-262.

[36] 蔡川川,张明旭,闵凡飞.微波和硝酸处理后炼焦煤中硫形态变化的 XPS 研究[J].选煤技术,2013(3):1-3.

[37] 刘振学,宋庆峰,徐怀浩,等.煤的萃取脱硫及煤萃取物中有机含硫化合物的研究进展[J].山东科技大学学报:自然科学版,2011,30(3):54-65.

[38] MIECZYSLAW K. XPS study of reductively and non-reductively modified coals [J]. Fuel. 2004,(83):259-265.

[39] 邢孟文,李凡.原煤中可抽提噻吩硫的研究[J].煤炭转化,2011,34(4):1-4.

[40] LI W W,TANG Y G,ZHAO Q J,et al. Sulfur and nitrogen in the high-sulfur coals of the Late Paleozoic from China[J]. Fuel,2015,155:115-121.

[41] ELSAMAK G C. Chemical desulfurization of turkish cayirhan lignite with HI using microwave and thermal energy[J]. Fuel,2003,82(5):531-537.

[42] 徐龙君,邹德均,程昱娟.正丙醇脱煤中有机硫的研究[J].煤炭转化,2006,29(4):13-16.

[43] CHU Q, FENG J, LI W Y, et al. Synthesis of Ni/Mo/N catalyst and its application in benzene hydrogenation in the presence of thiophene[J]. Chinese Journal of Catalysis,2013,34(1):159-166.

[44] LING L X,ZHANG R G,WANG B J,et al. Density functional theory study on the pyrolysis mechanism of thiophene in coal[J]. Journal of Molecular Structure: THEOCHEM,2009(905):8-12.

[45] MORTEZA YAZDANI, AMIR FAROKH PAYAM. A comparative study on material selection of microelectromechanical systems electrostatic actuators using Ashby, VIKOR and TOPSIS[J]. Materials & Design,2014,65:328-334.

[46] 李成峰,任建勋,杜美利.煤脱硫技术研究进展[J].煤炭技术,2004,23(3):83-84.

[47] STEPHEN R P, EDWIN J H, XAVIER A D. Chemical coal cleaning using selective oxidation[J]. Fuel,1994,73(2):161-169.

[48] 陈润,秦勇,韦重韬.镜煤有机溶剂二级抽提孔隙结构及吸附性差异[J].天然气地球科学,2014,25(7):1103-1110.

[49] SHUI H F,SHAN C J,CAI Z Y,et al. Co-liquefaction behavior of a sub-bituminous coal and sawdust[J]. Energy,2011,36:6645-6650.

[50] IDRIS S S,RAHMAN N A,ISMAIL K,et al. Investigation on thermochemical behaviour of low rank Malaysian coal,oil palm biomass and their blends during pyrolysis via thermogravimetric analysis (TGA)[J]. Bioresource Technology,2010,101(12):4584-4592.

[51] RUSSELL C S,VAUGHN W J. Steel production: processes, products, and residuals[J]. Southern Economic Journal,1978,44(4):1049.

[52] JORJANI E,REZAI B,VOSSOUGHI M,et al. Desulfurization of Tabas coal with microwave irradiation /peroxyacetic acid washing at 25,55 and 85 ℃[J]. Fuel,2004,83(7):943-949.

[53] LUDMILA TURCANIOVA,YEE SOONG,MICHAL LOVAS,et al. The effect of microwave radiation on the triboelectrostatic separation of coal[J]. Fuel,2004,83(83):2075-2079.

[54] E JORJANI. Desulfurization of Tabas coal with microwaveirradiation/peroxyacetic acid washing at 25,55 and 85 ℃[J]. Fuel,2004,83:943-949.

[55] 彭素琴,吉登高,刘翼州,等.煤炭微波脱硫试验研究[J].煤炭工程,2013,(11):101-104.

[56] 张辉,吴祖成,胡勤海.电化学法在煤炭预脱硫中的应用[J].化工学报,2010,61:1-5.

[57] 王兰.煤的微生物脱硫技术研究进展[J].安徽农业科学,2007,35(10):3052-3053.

[58] WOLFGANG S,TILLMAN G,PETER J,et al. Biochemistry of bacterial leaching:direct vs. indirect bioleaching[J]. Hydrometallurgy,2001,59:159-175.

[59] 茹婷婷.微生物技术在煤炭脱硫过程中的研究进展[J].轻工科技,2013,(5):115-116.

[60] SALEHIZADEH H,SHOJAOSADATI S A. Isolation and characterization of a bioflocculant by Bacillus firmus[J]. Biotechnology Letters,2002,35(24):35-40.

[61] L GONSALVESH,S P MARINOV,M STEFANOVA,et al. Biodesulphurized low rank coal: maritza east lignite and its "humus-like" byproduct[J]. Fuel,2013,103:1039-1050.

[62] L GONSALVESH,S P MARINOV,M STEFANOVA,et al. Organic sulphur alterations in biodesulp hurized low rank coals[J]. Fuel,2012,97:489-503.

[63] PANIZZA M,CERISOLA G. Direct and mediated anodic oxidation of organic pollutants[J]. Chemical Review,2009,109(12):6541-6569.

[64] USLU T,ATALAYÜ. Microwave heating of coal for enhanced magnetic removal

of pyrite[J]. Fuel Process Technology,2004,85(1):21-29.

[65] KEIICHI Y,IZURU N,MASAKAZU H,et al. Efficient solid-phase synthesis of cyclic RGD peptides under controlled microwave heating [J]. Tetrahedron Letters,2012,43(9):1066-1070.

[66] 严东,周敏. 煤炭微波脱硫技术研究现状与发展[J]. 煤炭科学技术,2012,40(7):125-128.

[67] AHMED M A,MOUSA M A A,AMAMI S M. Gamma irradiation of pyrite in egyptian coal as studied by means of mossbauer spectroscopy at room temperature [J]. Energy Sources Part A—Recovery Utilization and Environmental Effects,2012:227-234.

[68] 雷佳莉,周敏,严东,等. 煤炭微波脱硫技术研究进展[J]. 化工生产与技术,2012,19(1):43-46.

[69] NEELANCHERRY R. Current status of microwave application in wastewater treatment—a review[J]. Chemical Engineering Journal,2011,166(3):797-813.

[70] MUTYALA S. Microwave applications to oil sands and petroleum:a review[J]. Fuel Process Technology,2010,91(2):127-135.

[71] ADAM D. Microwave chemistry: out of the kitchen[J]. Nature, 2003, 421: 571-572.

[72] ZAVITSANOS P D,BLEILER K W. Process for coal desulphurization[P]. 1978, US Patent:4076607.

[73] KIRKBRIDE C G. Sulphur removal from coal[P]. 1978,US Patent :123-130.

[74] ZAVITSANOS P D,BLEILER K W,GOLDEN J A. Coal desulphurization using alkali metal or alkaline earth compounds and electromagnetic energy[P]. 1979, US Patent:415.

[75] HAYASHI J,OKU K,KUSAKABE K,et al. The role of microwave irradiation in coal desulphurization with molten caustics[J]. Fuel,1990,69(6):739-742.

[76] ROWSON N,RICE N. Magnetic enhancement of pyrite by caustics microwave treatment[J]. Minerals Engineering,1990,3(3-4):355-361.

[77] FERRANDO A C. Coal desulphurization with hydroiodic acid and microwaves [J]. Fuel and Energy Abstracts. 1996,37:3331.

[78] JORJANI E,REZAI B,VOSSOUGHI M,et al. Desulphurization of Tabas coal with microwave irradiation /peroxyacetic acid washing at 25,55 and 85℃[J]. Fuel. 2004,83:943-949.

[79] CHEHREH S C, JORJANI E. Microwave irradiation pretreatment and peroxyacetic acid desulfurization of coal and application of GRNN simultaneous predictor[J]. Fuel,2011,90(14):3156-3163.

[80] OLUBAMBI P A. Influence of microwave pretreatment on the bioleaching behaviour of low-grade complex sulphide ores[J]. Hydrometallurgy,2009,95:

159-165.
[81] WAANDERS F B, MOHAMED W, WAGNER N J. Changes of pyrite and pyrrhotite in coal upon microwave treatment[J]. Journal of Physics: Conference Series, 2010, 217: 12-15.
[82] 亢旭，陶秀祥，许宁. 不同助剂下的炼焦煤微波脱硫试验研究[J]. 中国科技论文，2015，10(3)：266-269.
[83] 彭素琴，吉登高，刘翼州，等. 煤炭微波脱硫试验研究[J]. 煤炭工程，2013，(11)：102-104.
[84] 许宁，陶秀祥，谢茂华. 基于 XANES 分析煤炭微波脱硫前后硫形态的变化[J]. 中国煤炭，2014，40(2)：82-84.
[85] 杨彦成，陶秀祥，许宁. 基于 XRD、SEM 与 FTIR 分析微波脱硫前后煤质的变化[J]. 煤炭技术，2014，33(9)：261-263.
[86] 程刚，王向东，蒋文举，等. 微波预处理和微生物联合煤炭脱硫技术初探[J]. 环境工程学报，2008，2(3)：408-412.
[87] 米杰，任军，王建成，等. 超声波和微波联合加强氧化脱除煤中有机硫[J]. 煤炭学报，2008，33(4)：435-438.
[88] 罗道成，汪威. 微波预处理和硫酸铁氧化联合脱硫[J]. 矿业工程研究，2013，28(2)：70-74.
[89] 盛宇航，陶秀祥，许宁. 煤炭微波脱硫影响因素的试验研究[J]. 中国煤炭，2012，(4)：80-82.
[90] 李洪彪，蔡秀凡. 微波辐照下煤的电化学脱硫研究[J]. 燃料与化工，2012，43(3)：6-8.
[91] 程钰间，夏支仙，王磊，等. 频率可重构的微波煤炭脱硫试验装置[J]. 电子科技大学学报，2014，43(1)：31-35.
[92] LI X C, NIE B S, LIU W B, et al. Experimental study on the impact of temperature on coal electric parameter[J]. Advanced Materials Research, 2012, 524: 431-435.
[93] 蔡川川，张明旭，闵凡飞，等. 高硫炼焦煤介电性质研究[J]. 煤炭学报，2013，38(9)：1656-1661.
[94] 刘松，张明旭，蔡川川. 煤微波脱硫介电性质变化及其影响因素[J]. 选煤技术，2014，(6)：1-4.
[95] PENG Z, HUANG J Y, KIM B G, et al. Microwave absorption capability of high volatile bituminous coal during pyrolysis[J]. Energy & Fuels, 2012, 26(8): 5146-5151.
[96] XIA Z X, CHENG Y J, FAN Y. Frequency-reconfigurable TM-mode reentrant cylindrical cavity for microwave material processing [J]. Journal of Electromagnetic Wave and Applications, 2013, 27(5): 605-614.
[97] 许家喜. 微波与有机化学反应的选择性[J]. 化学进展，2007，19(5)：700-712.

[98] C O KAPPE,D DALLINGER. Microwaves in organic and medicinal chemistry [J],European Journal of Medicinal Chemistry,2006,41(4):566-567.

[99] ZHAO X S, LU G Q, A K WHITTAKER, et al. Influence of synthesis parameters on the formation of mesoporous SAPOs [J]. Microporous and Microporous and Mesoporous Materials,2002,55(1):51-62.

[100] M LARHE, K OLOFSSON. Microwave methods in organic synthesis[M]. Berlin:Springer,2006:334.

[101] LOUPY A. Microwave in organic synthesis [M]. Weinheim: Wiley-VCH, (Germany),2002.

[102] IPSITA R, MUNISHWAR N G. Non-thermal effects of microwaves on protease-catalyzed esterification and transesterification[J]. Tetrahedron,2003, 59(29):5431-5436.

[103] 薛丁萍,徐斌,姜辉,等.食品微波加工中的非热效应研究[J].中国食品学报, 2013,13(4):143-148.

[104] 黄卡玛,李颖,刘宁,等.近年来弱电磁场(波)生物效应机理研究的进展[J].中国医学物理学杂志,2000,17(1):36-40.

[105] C O KAPPE, A STADLER, D ALLINGER. Microwaves in organic and medicinal chemistry[M]. 2nd ed. Weinheim:Wiley-VCH,2012.

[106] S CHATTI, M BORTOLUSSI, D BOGDAL, et al. Microwave-assisted polycondensation of aliphatic diols of isosorbide with aliphatic disulphonylesters via phase-transfer catalysis[J]. European Polymer Journal, 2004,40(3):561-577.

[107] DUŠAN Z MIJIN, MOSTAFA BAGHBANZADEH, CLAUDIA REIDLINGER, et al. The microwave-assisted synthesis of 5-arylazo-4, 6-disubstituted-3-cyano-2-pyridone dyes original[J]. Organic & Biomolecular Chemistry,2010,8:114-121.

[108] HANA PROKOPCOVÁ, JESÚS RAMÍREZ, ELENA FAMÁNDEZ, et al. Microwave-assisted one-pot diboration/Suzuki cross-couplings. A rapid route to tetrasubstituted alkenes[J]. Tetrahedron Letters, 2008,49(33):4831-4835.

[109] MUHAMMAD IMRAN MALIK, BERND TRATHNIGG, C OLIVER KAPPA. Microwave assisted synthesis and characterization of end functionalized poly (propylene oxide) as model compounds[J]. European Polymer Journal,2008,44(1): 144-154.

[110] D A C STUERGA. Microwave athermal effects in chemistry:a myth's autopsy-part I:historical background and fundamentals of wave-matter interaction[J]. Journal of Microwave Power and Electromagnetic Energy,1996,31(2):87-100.

[111] D A C STUERGA, et al. Microwave athermal effects in chemistry: a myth's autopsy-part I: orienting effects and thermodynamic consequences of electric field[J]. Journal of Microwave Power and Electromagnetic Energy, 1996, 31

(2):101-114.

[112] BAGNELL L,CABLEWSKI T,STRAUSS C R,et al. Applications of high-temperature aqueous media for synthetic organic reactions[J]. Journal of Organic Chemistry,1996,61:7355-7359.

[113] BOMPART M,KARSTEN H. Molecularly imprinted polymers and controlled/living radical polymerization[J]. Australian Journal of Chemistry,1997,62(8):751-761.

[114] KABZA K G,CHAPADOS B R,GESTW ICKI J E,et al Effect of microwave radiation on copper(Ⅱ) 2,2'-Bipyridyl-Mediated hydrolysis of bis (p-nitrophenyl) phosphodiester and enzymatic hydrolysis of carbohydrates[J]. Journal of Organic Chemistry,1996, 61(26):9599-9602.

[115] 左春英,丁言镁,王建华.微波的生物非热效应的机理研究[J].沈阳师范大学学报:自然科学版,2005,23(3):254-257.

[116] 唐伟强,卢俊杰,张海.硫化胶微波脱硫过程中的非热效应[J].橡胶工业,2006,53(8):453-456.

[117] 翟华嶂,李建保,黄向东,等.微波非热效应诱发的陶瓷材料中物质各向异性扩散[J].材料工程,2003,(6):29-31.

[118] 杨晓庆,黄卡玛.微波辐射下电解质水溶液中的非热效应研究[J].材料导报,2007,21(11A):1-3.

[119] 包肖婧,曲丽君,郭肖青,等.微波辐照大麻脱胶中的非热效应[J].纺织学报,2014,35(1):67-71.

[120] BRANHARDT E K. Advancing microwave energy to new heights with simultaneous cooling [C]//European Science Foundation Exploratory Workshop. Scientific Report on Microwave Chemistry and Specific Microwave Effects. Austria,2005:19.

[121] 赵晶,陈津,张猛.微波低温加热过程中的非热效应[J].材料导报,2007,21(11A):4-6.

[122] 刘金鑫,金永龙,韩庆虹,等.微波场中冶金固体废弃物脱硫脱硝的非热效应分析[J].武汉科技大学学报,2009,32(2):131-133.

[123] 梁荣辉.微波辅助二苯并二氮杂卓类化合物的一步合成及其"非热效应"的研究[D].重庆:重庆大学,2012. 40.

[124] 张召,王淇,吴琼,等.微波辅助合成非并咪唑衍生物及微波非热效应[J].高等学校化学学报,2012,33(11):2241-2246.

[125] 谷晓昱,张军营.微波固化环氧树脂中非热效应的研究[J].高分子材料科学与工程,2006,22(3):183-186.

[126] F ONO,Y CHIMI,N ISHIKAWA,et al. Nuclear instruments and methods in physics research section b: beam interactions with materials and atoms[J]. Journal of Magnetism and Magnetic Materials,2007, 310(2):223-226.

[127] BORIVOJ ADNADEVIC, MIHAJLO GIGOV, MILENA SINDJIC, JELENA

JOVANOVIC. Comparative study on isothermal kinetics of fullerol formation under conventional and microwave heating[J]. Chemical Engineering Journal, 2008,140(1):570-577.

[128] HEITLER W,LONDON F. Wechselwirkung neutraler atome und homoopolare bindung nach der quantenmechanik[J]. Z. Phys. 1927,44(6):455-472.

[129] FEIT M. FLECK JR J,STEIGER A. Solution of the schrodinger equation by a spectral method[J]. Journal of Computational Physics,1982,47(3):412-413.

[130] DEWAR M S J. 有机化学分子轨道理论[M]. 戴树珊,刘有德,译. 北京:科学出版社,1997,114-124.

[131] MATSEN M W,SCHICK M. Stable and unstable phases of a diblock copolymer melt[J]. Phys Rev Lett,1994,72:2660-2663.

[132] 杨玉良,邱枫,唐萍,等. 高分子体系的自洽场理论方法及其应用[J]. 中国科学B辑:化学,2006,36(1):1-22.

[133] CHELIKOWSKY J R,LOUIE S Q. Quantum theory of real materials[M]. Boston:Kluwer Academy Press,1989:1-11.

[134] P HOHENBERG,W KOHN. Inhomogeneous electron gas[J]. Physical Review B,1964,136:864-871.

[135] W KOHN,L J SHAM. Self-consistent equations including exchange and correlation effects[J]. Phys. Rev. 1962,140(4A):1133.

[136] 徐光宪. 21世纪是信息科学、合成化学和生命科学共同繁荣的世纪[J]//中国科学院. 2004中国科学院科学发展报告. 北京:科学出版社,2004:13-16.

[137] 肖鹤鸣,陈兆旭. 四唑化学的现代理论[M]. 北京:科学出版社,2000:16-17.

[138] J R SEWARD,CRONIN M T D,SCHULTZ T W. The effect of precision of molecular orbital descriptors on toxicity modeling of selected pyridines[J]. Environ Res. 2002,13(2):325-340.

[139] JIANG L,XIAO H H,HE J J,et al. Application of genetic algorithm to pyrolysis of typical polymers[J]. Fuel Processing Technology,2015,138:48-55.

[140] J M KNAUP,P TÖLLE,C H KÖHLER,et al. Quantum mechanical and molecular mechanical simulation approaches bridging length and time scales for simulation of interface reactions in realistic environments[J]. The European Physical Journal Special Topics,2009:177:59.

[141] 邓存宝,王雪峰,王继仁,等. 煤表面含S侧链基团对氧分子的物理吸附机理[J]. 煤炭学报,2008, 33(5):556-560.

[142] 邓存宝,戴凤威,邓汉忠,等. 煤中苯硫酚型有机硫与O_2反应机理[J]. 煤炭学报,2013, 38(8):1471-1475.

[143] 吴玉花,王丽琼,袁妮妮,等. 煤基富勒烯电子性质和非线性光学性质的密度泛函理论研究[J]. 计算机与应用化学,2013,30(4):353-356.

[144] 庞先勇,吕存琴,吕永康. 煤脱硫过程的量子化学研究[J]. 煤炭转化,2006,29

(4):17-20.

[145] XIANG J H, ZENG F G, LIANG H Z, et al. Model construction of the macromolecular structure of Yanzhou coal and its molecular simulation[J]. Journal of Fuel Chemistry and Technology,2011,39(7):481-488.

[146] SHI T,WANG X F,DENG J,et al. The mechanism at the initial stage of the room-temperature oxidation of coal[J]. Combust Flame,2005,140(4):332.

[147] CHEN B, ZHI-JUN DIAO, YU-LAN ZHAO, et al. A ReaxFF molecular dynamics (MD) simulation for the hydrogenation reaction with coal related model compounds[J]. Fuel,2015,154:114-122.

[148] JIE FENG, JUN LI, WEN YING LI. Influences of chemical structure and physical properties of coal macerals on coal liquefaction by quantum chemistry calculation[J]. Fuel Processing Technology, 2013,109(9):19-26.

[149] 王宝俊.煤结构与反应性的量子化学研究[D].太原:太原理工大学,2006.209.

[150] LEADBEATER N E. 9. 10 Organic synthesis using microwave heating[J]. Comprehensive Organic Synthesis II (Second Edition), 2014, 145 (10): 234-286.

[151] HASHEM M,ABOU T M,EL-SHALL F N,et al. New prospects in pretreatment of cotton fabrics using microwave heating[J]. Carbohydrate Polymers Volume,2014, 103:385-391.

[152] 陈鹏.用XPS研究兖州煤各显微组分中有机硫存在形态[J].燃料化学学报, 1997,(3):238-240.

[153] 代世峰,任德贻,宋建芳,等.应用XPS研究镜煤中有机硫的存在形态[J].中国矿业大学学报,2002,31(3):225-228.

[154] URBAN N R,ERNST KBERNASCONI S. Addition of sulfur to organic matter during early diagenesis of lake sediments[J]. Geochimica et Cosmochimica Acta,1999,63:837-853.

[155] CASANOVAS J,RICART J M,ILLAS F,et al. The interpretation of X-ray photoelectron spectra of pyrolized S-containing carbonaceous materials[J]. Fuel,1997,76(14-15):1347～1352.

[156] 常海洲,王传格,曾凡桂,等.不同还原程度煤显微组分组表面结构XPS对比分析[J].燃料化学学报,2006,34(4):389-394.

[157] 马玲玲,秦志宏,张露,等.煤有机硫分析中XPS分峰拟合方法及参数设置[J].燃料化学学报,2014,42(3):277-283.

[158] KOZLOWSKI M. XPS study of reductively and non-reductively modified coal [J]. Fuel,2004,83(3):259-265.

[159] PIETRZAK R,WACHOWSKA H. The influence of oxidation with HNO_3 on the surface composition of high sulphur coals XPS study[J]. Fuel Process Technol, 2006,87(11):1021-1029.

[160] MARINOY S P, TYULIEV G, STEFANOVA M. Low rank coals sulphur functionality study by AP-TPR/TPO coupled with MS and potentiometric detection and by XPS[J]. Fuel Process Technol,2004,85(4):267-277.

[161] 刘艳华,车得福,徐通模. 利用 X 射线光电子能谱确定煤及其残焦中硫的形态[J]. 西安交通大学学报,2004,38(1):101-104.

[162] GRZYBEK T, PIETRZAK R, WACHOWSKA H. X-ray photoelectron spectroscopy study of oxidized coals with different sulphur content[J]. Fuel Process Technol, 2002,77-78:1-7.

[163] OLIVELLA M A, PALACTOS J M, VAJIRAVAMURTHY A. A study of sulfur functionalities in fossil fuels using destructive-(ASTM and Py-GC-MS) and non-destructive-(SEM-EDX, XANES and XPS) techniques[J]. Fuel,2002, 81(4):405-411.

[164] 蔡攸敏,姚洪,刘小伟,等. 不同密度煤粉的矿物质分布与燃烧特性研究[J]. 热能动力工程,2007,22(6):651-655.

[165] PUSZ S, KRZTON A, KOMRAUS J L. Interactions between organic matter and minerals in two bituminous coals of different rank[J]. International Journal of Coal Geology,1997,33(4):369-386.

[166] JALILEHVAND F. Sulfur: not a "silent" element any more[J]. Chemical Society Reviews,2006,35(12):1256-1268.

[167] EINSIEDL F, MAYER B, SCHÄFER T. Evidence for incorporation of H_2S in groundwater fulvic acids from stable isotope ratios and sulfur K-edge X-ray absorption near edge structure spectroscopy[J]. Environmental Science & Technology,2008,42(7):2439-2444.

[168] 陈良进,朱茂旭,黄香利,等. 东海内陆架沉积物中有机硫形态的 K 边 XANES 谱分析[J]. 地球化学,2015,44(1):61-69.

[169] 刘慧君. 钙基添加剂作用下煤热解和气化行为及其硫迁移[D]. 上海:华东理工大学,2011.

[170] 洪芬芬. 煤矸石山微生物群落和硫形态分布特征研究[D]. 徐州:中国矿业大学,2014.

[171] 许宁,陶秀祥,谢茂华. 基于 XANES 分析煤炭微波脱硫前后硫形态的变化[J]. 中国煤炭,2014,40(2):82-85.

[172] 刘生玉. 中国典型动力煤及含氧模型化合物热解过程的化学基础研究[D]. 太原:太原理工大学,2004.

[173] SCHMIERS H, RIEBEL J, TREUBEL P, et al. Change of chemical bonding of nitrogen of polymeric N-heterocyclic compounds during pyrolysis[J]. Carbon, 1999,37:1965-1978.

[174] 向军,胡松,孙路石,等. 煤燃烧过程中碳、氧官能团演化行为[J]. 化工学报,2006,57(9):2180-2184.

[175] MATHEWS J P, VAN DUIN A T, CHAFFEE A L. The utility of coal molecular models[J]. Fuel Process Technol,2011,92(4):718-728.
[176] MAZUMDAR B K,CHAKRABARTTY S K,LAHIRI A. Some aspects of the constitution of coal[J]. Fuel,1962,41(2):129-139.
[177] MILLWARD G R,PITT G J. Coal and modern coal processing:an introduction [M],New York:Academic Press,1979:27-50.
[178] 张嫣妮. 煤氧化自燃微观特征及其宏观表征研究[D]. 西安:西安科技大学,2012.
[179] PETERSEN H I,ROSENBERG P,NYTOFT H P. Oxygen groups in coals and alginate-rich kerogen revisited[J]. International Journal of Coal Geology,2008,74(2):93-113.
[180] 朱红,李虎林,欧泽深. 不同煤阶煤表面改性的 FTIR 谱研究[J]. 中国矿业大学学报,2001,30(4):366-370.
[181] 石开仪,陶秀祥,李志,等. 利用红外光谱构建抚顺煤大分子结构模型[J]. 高分子通报,2013,5:71-73.
[182] 梁虎珍,王传格,曾凡桂,等. 应用红外光谱研究脱灰对伊敏褐煤结构的影响[J]. 燃料化学学报,2014,42(2):129-137.
[183] 冯杰,李文英,谢克昌. 傅里叶红外光谱法对煤结构的研究[J]. 中国矿业大学学报,2002,31(5):362-366.
[184] SOLOMON P R,BEST P E,YU Z Z,et al. A macromolecular network model for coal fluidity[J]. ACS Division of Fuel Chemistry Preprint. 1989,34(3):895-906.
[185] 韩峰,张衍国,蒙爱红,等. 云南褐煤结构的 FTIR 分析[J]. 煤炭学报,2014,39(11):2293-2299.
[186] KOZLOWSKI M. XPS study of reductively and non-reductively modified coals [J]. Fuel,2004,83(3):259-265.
[187] GRZYBEK T,PIETRZAK R,WACHOWSKA H. X-ray photoelectron spectroscopy study of oxidized coals coals with different sulphur content [J]. Fuel Process Technol,2002,77:1-7.
[188] 相建华,曾凡桂,李彬,等. 成庄无烟煤大分子结构模型及其分子模拟[J]. 燃料化学学报,2013,41(4):391-399.
[189] LIU F R, LI W, GUO H Q,et al. XPS study on the change of carbon containing groups and sulfur transformation on coal surface[J]. Journal of Fuel Chemistry and Technology,2011,39(2):81-84.
[190] KELEMEN S R,AFEWORKI M,GORBATY M L,et al. Characterization of organically bound oxygen forms in lignites,peats,and pyrolyzed peats by X-ray photoelectron spectroscopy (XPS) and solid-state 13C NMR methods [J]. Energy & Fuels,2002,16(6):1450-1462.
[191] 张永春,张军,盛昌栋,等. O_2/CO_2 气氛下煤焦燃烧过程中碳官能团演化行为研

究[J]. 中国电机工程学报,2011,31(2):27-31.

[192] 向军,胡松,孙路石,等. 煤燃烧过程中碳、氧官能团演化行为[J]. 化工学报,2006,57(9):2180-2184.

[193] 胡益,李培生,余亮英. 污泥与煤混烧中含碳官能团的演化过程[J]. 武汉大学学报,2013,46(5):649-653.

[194] BECK N V,MEECH S E,NORMAN P R,et al. Characterisation of surface oxides on carbon and their influence on dynamic adsorption[J]. Carbon,2002,40(4):531-540.

[195] LEIRO J A,HEINONEN M H,LAIHO T,et al. Core-level XPS spectra of fullerene,highly oriented pyrolitic graphite,and glassy carbon [J]. Electron Spectrosc Relat Phenom,2003,128(2-3):205-213.

[196] DAVID L PERRY,ALAN GRINT. Application of XPS to coal characterization [J]. Fuel,1983,62:1024-1033.

[197] KELEMEN S R,AFEWORKI M,GORBATY M L,et al. Characterization of organically bound oxygen forms in lignites,peats,and pyrolyzed peats by X-ray photoelectron spectroscopy (XPS) and solid- state 13C NMR methods[J]. Energy & Fuels,2002,16(6):1450-1462.

[198] GRZYBEK T,PIETRZAK R,WACHOWSKA H. X-ray photoelectron spectroscopy study of oxidized coals with different sulphur content[J]. Fuel Process Technol,2002,(77):127.

[199] 杨志远,周安宁,张泓,等. 神府煤不同密度级组分光催化氧化的 XPS 研究[J]. 中国矿业大学学报,2010,39(1): 98-103.

[200] 罗陨飞,李文华,陈亚飞. 利用 X 射线光电子能谱研究马家塔煤显微组分中氧的赋存形态[J]. 燃料化学学报,2007,35(3): 366-369.

[201] 周剑林. 低阶煤含氧官能团的赋存状态及其脱除研究[D]. 徐州:中国矿业大学,2013.

[202] WOJTOWICZ M A,PELS J R,MOULIJN J A. The fate of nitrogen functionalities in coal during pyrolysis and combustion[J]. Fuel,1995,74(4):507-516.

[203] ZHANG Y C,ZHANG J,SHENG C D,et al. X-ray photoelectron spectroscopy (XPS) investigation of nitrogen functionalities during coal char combustion in O_2/CO_2 and O_2/Ar atmospheres[J]. Energy Fuels,2011,25(1):240-245.

[204] KAPTEIJN F, MOULIJN J A, MATZNER S, et al. The development of nitrogen functionality in model chars during gasification in CO_2 and O_2 [J]. Carbon,1999,37(7):1143-1150.

[205] SCHMIERS H,FRIEBEL J,STREUBEL P,et al. Change of chemical bonding of nitrogen of polymeric N-heterocyclic compounds during pyrolysis [J]. Carbon,1999,37(12):1965-1978.

[206] PELS J R, KAPTEIJN F, MOULIJN J A, etc. Evolution of nitrogen

functionalities in carbonaceous materials during pyrolysis[J]. Carbon,1995,33(11):1641-1653.

[207] FRIEBEL J,KOPSEL R F W. The fate of nitrogen during pyrolysis of German low rank coals a parameter study [J]. Fuel,1999,78(8):923-932.

[208] 刘艳华,车得福,李荫堂,等. X 射线光电子能谱确定铜川煤及其焦中氮的形态[J]. 西安交通大学学报,2001,35(7):661-665.

[209] 李梅,杨俊和,张启锋,等. 用 XPS 研究新西兰高硫煤热解过程中氮、硫官能团的转变规律[J]. 燃料化学学报,2013,41(11):1287-1292.

[210] KYUN J P, MINYOUNG K, SEUNGHWAN S, et al. Quantitative analysis of cyclic dimer fatty acid content in the dimerization product by proton NMR spectroscopy[J]. Spectrochimica Acta Part A: Molecular and Biomolecular Spectroscopy,2015,149:402-407.

[211] LUK VAN LOKEREN, HANEN BEN SASSI, GUY VAN ASSCHE. Quantitative analysis of polymer mixtures in solution by pulsed field-gradient spin echo NMR spectroscopy Original[J]. Journal of Magnetic Resonance, 2013,231:46-53.

[212] 王桂芳,马廷灿,刘买利. 核磁共振波谱在分析化学领域应用的新进展[J]. 化学学报,2012,19:2005-2011.

[213] AXELSON D E. Solid state nuclear magnetic resonance of fossil fuels[M]. Multiseienee Canada Press,1985:223.

[214] YOSHIDA T, MAEKAWA Y. Characterization of coal structure by CP/MAS13C-NMR spectroscopy, in coal characterization for conversion process elsevier[J]. Fuel Processing Technology,1987,15(15):385-395.

[215] K LEESMITH. The structure and reaction processes of coal[J]. Springer Chemical Engineering,1994,34(4):244.

[216] SOLUM M S, PUGMIRE R J. Mechanism of oxidation of low rank coal by nitric acid[J]. Journal of Coal Science and Engineering,2012,18(4):396-399.

[217] 张莉. 五牧场 11 号煤结构模型构建及其超分子特征[D]. 太原:太原理工大学,2013. 15.

[218] 虞继顺. 煤化学[M]. 北京:冶金工业出版社,2003:168.

[219] 王文娟. 煤水介电特性及测量模型研究[D]. 北京:华北电力大学,2011.

[220] 刘军,赵少杰,蒋玲梅,等. 微波波段土壤的介电常数模型研究进展[J]. 遥感信息,2015,30(1):5-13.

[221] 葛涛,张明旭,闵凡飞. 山西炼焦煤中有机硫模型化合物介电性质研究[J]. 化学研究与应用,2014,26(6):838-842.

[222] STUART O, NELSON. Density-permittivity relationships for powdered and granular materials[J]. IEEE Transactions on Instrumentation and Measurement, 2005, V54(5):2033-2040.

[223] 鲜春林.植被介电特性研究[D].成都:电子科技大学,2012.

[224] 沈逸飞.高介电常数低介电损耗新型陶瓷杂化碳纳米管及其环氧树脂基复合材料的研究[D].北京:华北电力大学,2014.

[225] WEIR W B. Automatic measurement of complex dielectric constant and permeability at microwave frequencies. Proc[J]. IEEE,1974,62(1):33-36.

[226] BERRIE J A,WILSON G L. Design of target support columns using EPS foams [J]. IEEE Antennas & Propagation Magazine,2003,45(1):195-206.

[227] GRIGNON R, AFSAR M N. Microwave broadband free-space complex dielectric Pennittivity measurements on low loss solids[J]. Instrumentation and Measurement Technology Conference, 2003,1(1):565-570.

[228] COURTNEY C C. One-port time-domain measurement of the approximate permittivity and permeability of materials[J]. IEEE Transaction on Microwave Theory & Techniques,1999,47(5):551-555.

[229] 景莘慧,蒋全兴.基于同轴线的传输/反射法测量射频材料的电磁参数[J].宇航学报,2005,26(5):630-634.

[230] DIJANA P,LEAH M,CYNTHIA B,et al. Precision open-ended coaxial probes for in vivo and exvivo dielectric spectroscopy of biological tissues at microwave frequencies[J]. IEEE Transactions on Microwave Theory and Techniques, 2005,53(5):13-22.

[231] STUART O, NELSON. Measurement and calculation of powdered mixture permittivities[J]. IEEE Transactions on Instrumentation and Measurement [J],2001,V50(5):1060-1070.

[232] S MARLAND,A MEREHANT,N ROWSON. Dielectrie properties of coal[J]. Fuel,2001,80(13):1839-1849.

[233] 李景德,沈韩,陈敏.电介质理论[M].北京:科学出版社,2003.

[234] 付秀华.胶原蛋白和牛血清蛋白温度稳定性的太赫兹介电谱研究[D].杭州:中国计量大学,2013.

[235] 沈振江,邴丽娜.固相法烧结温度对钛酸钡陶瓷介电性能的影响[J].硅酸盐通报,2015,34(2):320-324.

[236] 张丽丽,黄心茹,周恒为,等.基于 Weiss 分子场理论对极性液体中静态介电常数随温度变化及其相应取向关联的研究[J].物理学报,2012,61(18)7701:1-6.

[237] B JANCAR,D SUVOROV,M VALANT. Microwave dielectric properties and microstructural characteristics of aliovalently doped perovskite ceramics based on $CaTiO_3$[J]. Key Engineering Materials,2001,206-213:1289-1292.

[238] TAKENAKA T,NAGATA H,HIRUMA Y. Current developments and prospective of lead-free piezoelectric ceramics[J]. Japanese Journal of Applied Physics,2008,47 (5S):3787.

[239] NOUMURA Y, HIRUMA Y, NAGATA H, et al. High-power piezoelectric

characteristics at continuous driving of $Bi_4Ti_3O_{12}$-$SrBi_4Ti_4O_{15}$-based ferroelectric ceramics[J]. Evaluation,2011,1:26.

[240] ANDO A,KIMURA M. Resonator characteristics of bismuth layer structured ferroelectric materials[M]. New York:Springer,2013:373-403.

[241] 冷森林,石维,龙禹,等. 高温无铅 $BaTiO_3$-(Bi1/2Na1/2)TiO_3 正温度系数电阻陶瓷阻抗和介电谱分析[J]. 物理学报,2014,63(4):266-271.

[242] NELSON S O,TRABELSI S,KAYS S J. Dielectric spectroscopy of honeydew melons from 10 MHz to 18 GHz for quality sensing[J]. Transactions of the ASABE,2006,49(6):1977-1981.

[243] GUO W,NELSON S O,TRABELSI S,et al. Dielectric properties of honeydew melons and correlation with quality[J]. Journal of Microwave Power and Electromagnetic Energy,2007,41(2):44-54.

[244] 郭文川,吕俊峰,谷洪超. 微波频率和温度对食用植物油介电特性的影响[J]. 农业机械学报,2014,63(4)047102:1-6.

[245] KAREN M P,ANDREAS S B,JAMES M B. Stability of biocatalysts[J]. Curr. Opin. Biotechnol, 2007,11(2):220-225.

[246] OHSIMA T, NOMURA N, TSUGE H. Structure of a hyperthermophilic archaeal homing endonuclease, I-Tsp061I: contribution of cross-domain polar networks to thermostability[J]. Journal of Molecular Biology, 2007, 365(2): 362-378.

[247] J P ROBINSON,S W KINGMAN,C E SNAPE,et al. Scale-up and design of a continuous microwave treatment system for the processing of oil-contaminated drill cuttings[J]. Chemical Engineering Research and Design, 2010, 88(2): 146-154.

[248] 李媛,李久生. 电磁场与微波技术[M]. 北京:北京邮电出版社,2010:86.

[249] SAINI P,ARORA M,GUPTA G,et al. High permittivity polyaniline-barium titanate nanocomposites with excellent electromagnetic interference shielding response[J]. Nanoscale,2013,5(10):4330-4336.

[250] CAI X D,WANG J J,LOU H F,et al. Morphology and microwave absorptionproperties of barium ferrite hollow microspheres with heat-treatment of different heating rates[J]. Chinese Journal of Rare Metals,2014,38(2):243-249.

[251] ZHAI Y H,WU W J,ZHANG Y,et al. Enhanced microwave absorbing performance of hydrogenated acrylonitrile-butadiene rubber/multi-walled carbon nanotube composites by in situ prepared rare earth acrylates[J]. Composites Science and Technology,2012,72(6):696-701.

[252] 周克省,程静,邓联文,等. Z 型铁氧体 $Sr_3(CuZn)_xCo_{2(1-x)}Fe_{24}O_{41}$的微波吸收性能[J]. 中南大学学报:自然科学版,2015,46(5):1615-1621.

[253] 杨力妮,周克省,邓联文,等. 多铁性材料 $Bi_{1-x}Ba_xFeO_3$的微波吸收性能[J]. 材料

导报 B,2015,29(2):1-5.

[254] 周克省,卢玉娥,尹荔松,等.尖锥八面体 Fe_3O_4 的水热合成及微波吸收性能[J].中南大学学报:自然科学版,2012,43(3):906-910.

[255] 杨玉娥,何存富,吴斌.微波无损检测热障涂层下金属表面裂缝的参数优化[J].复合材料学报,2013,30(3):149-153.

[256] TEIXEIRA V. Numerical analysis of the influence of coating porosity and substrate elastic properties on the residual stresses in high temperature graded coatings[J]. Surface and Coatings Technology,2001,146/147(2):79-84.

[257] ROSE J L,AVIOLI M J,SONG W J. Application and potential of guided wave rail inspection[J]. Insight,2002,44(6):353-358.

[258] DAVIES J,CAWLEY P. The application of synthetic focusing for imaging crack-like defects in pipelines using guided waves[J]. IEEE Transactions on Ultrasonics Ferroelectrics and Frequency Control,2009, 56(4):759-771.

[259] 纪琳,佘寻峰,范强.基于反射系数的波导结构不连续位置识别[J].振动、测试与诊断,2014,34(5):905-908.

[260] 杨晓庆,黄卡玛.微波辐射下电解质水溶液中的非热效应研究[J].材料导报,2007,21(11A):1-3.

[261] 朱正和.多层微波隐身材料反射系数的理论研究[J].战术导弹技术,2002,(6):56-60.

[262] 杨松,刘世雄,程裕东.915 MHz 和 2 450 MHz 频率下温度和大豆分离蛋白对鲢鱼糜复合素材介电特性的影响[J].水产学报,2011,35(1):131-138.

[263] 马爱元,张利波,孙成余,等.高氯氧化锌烟尘微波介电特性及温升特性[J].中南大学学报:自然科学版,2015,46(2):410-415.

[264] 何天宝,程裕东.温度和频率对鱼糜介电特性的影响[J].水产学报,2005,29(2):252-257.

[265] 张文杰,薛长湖,丛海花,等.915 MHz 和 2 450 MHz 下扇贝柱介电特性的研究[J].食品工业科技,2014,35(1):74-77.

[266] AL-HOLY M, WANG Y, TANG J, et al. Dielectric properties of salmon (Oncorhynchus keta) and sturgeon (Acipenser transmontanus) caviar at radio frequency(RF) and microwave(MW) pasteurization frequencies[J]. Journal of Food Engineering,2005,70(4):564-570.

[267] 刘晨辉,彭金辉,李欣雨.电焊条用钛铁矿的介电特性及微波加热特征[J].有色金属科学与工程,2014,5(6):2-7.

[268] 肖朝伦,唐嘉丽,潘峰.微波辐射对脱水城市污泥穿透性和脱水性的影响[J].过程工程学报,2011,11(2):215-220.

[269] MA S C, YAO J J, JIN X. Study on removal of nitrate dynamics of activated carbon under microwave irradiation bed desulfurization[J]. China Science: Science and Technology,2011,41(9):1234-1239.

[270] 葛涛，张明旭，闵凡飞. 炼焦煤中有机硫对微波的响应规律[J]. 煤炭学报，2015，40(7)：1648-1653.

[271] 袁蕙，徐广通，齐和日玛，等. 激光拉曼光谱在加氢脱硫催化剂 Co-Mo/Al_2O_3 中的应用研究[J]. 光谱学与光谱分析，2014，34(2)：435-438.

[272] 赵博，杨永忠，刘丽婷，等. 拉曼光谱技术在煤分析中的应用进展[J]. 洁净煤技术，2015，21(3)：79-82.

[273] CRAIG A P, FRANCE A S, TRUDAYARAJ J. Surface-enhanced Raman spectroscopy applied to food safety[J]. Annual Review of Food Science and Technology，2013，(4)：369-380.

[274] BUYUKGOZ G G，BOZKURT A G，AKJUL N B，et al. Spectroscopic detection of aspartame in soft drinks by surface-enhanced Raman spectroscopy [J]. European Food Research and Technology，2013，(4)：369-380.

[275] 韩冬，胡琴. 表面拉曼增强效应在生物医药检测中的应用[J]. 西北药学杂志，2015，30(1)：100-104.

[276] CHRISTINA M M，NISA M，GUISHENG Y，et al. Surface-enhanced Raman scattering dye-labeled Au nanoparticles for triplexed detection of leukemia and lymphoma cells and SERS flow cytometry [J]. Langmuir，2013，29 (6)：1908-1919.

[277] 王玉峰，高飞，朱承炫，等. 对流层高度大气温度、湿度和气溶胶的拉曼激光雷达系统[J]. 光学学报，2015，35(3)：0328004-1-0328004-10.

[278] TIAN Z X，ZHANG X，LIU C L，et al. Feasibility study on quantitative analysis of sulfide concentration and pH of marine sediment pore water via Raman spectroscopy [J]. Spectroscopy and Spectral Analysis，2015，35(3)：649-656.

[279] 韩孝朕，郭正也，康燕，等. 拉曼光谱在鸡血石鉴定中的应用[J]. 光学学报，2015，(1)：350130003-1-0130003-8.

[280] N MAUBEC，A LAHFID，C LEROUGE，et al. Characterization of alunite supergroup minerals by Raman spectroscopy[J]. Spectrochimica Acta Part A Molecular & Biomolecular Spectroscopy，2012，96(10)：925-939.

[281] WUSTHOLZ K L，HENRY A，MCMABON J M，et al. Structure-activity relationships in gold nanoparticle dimers and trimers for surface-enhanced Raman spectroscopy[J]. Journal of the American Chemical Society，2010，132(31)：10903-10910.

[282] WU Z L. Multi-wavelength Raman spectroscopy study of supported vanadia catalysts：Structure identification and quantification [J]. Chinese Journal of Catalysis，2015，35(10)：1591-1602.

[283] 延玲玲，白一鸣，刘海，等. 贵金属纳米颗粒/石墨烯复合基底 SERS 研究进展[J]. 微纳电子技术，2015，52(3)：148-156.

[284] MAFRA D L，KONG J，SATO K，et al. Using gate-modulated Raman scattering

and electron-phonon interactions to probe single-layer graphene: a different approach to assign phonon combination modes [J]. Physical Review B Condensed Matter,2012,86(19):195434-1-195434-9.

[285] 韩月涛,李秋,富东慧.纳米压痕残余应力场拉曼光谱试验研究[J].试验力学,2015,30(1):1-8.

[286] 姜承志,孙强,刘英,等.基于双尺度相关运算的拉曼谱峰识别方法[J].光谱学与光谱分析,2014,34(1):103-107.

[287] LISBETH G T,METTE M L. Vibrational microspectroscopy of food: Raman vs. FT-IR[J]. Trends in Food Science and Technology,2003,14(1-2):50-57.

[288] 李雪梅,张建平.5-(2-芳氧甲基苯并咪唑-1-亚甲基)-1,3,4 噁二唑-2-硫酮的结构,光谱与热力学性质的理论研究[J].物理学报,2010,59(11):7736-7742.

[289] 李长恭,祝勇,尚静艳,等.由季戊四醇合成季戊四硫醇的新方法[J].光谱试验室,2013,30(5):2539-2542.

[290] HERMANSSON K. Bule-shifting hydrogen bonds[J]. The Journal of Physical Chemistry A,2002,106(1):4695-4702.

[291] 倪杰黎,安勇,闫秀花.HNO 与(HF)1≤n≤3 分子间的蓝移与红移氢键[J].物理化学学报,2008,24(11):2000-2006.

[292] ALBUGIN I V,MANOHARAN M,PEABODY S,et al. Electronic basis of improper hydrogen bonding: a subtle balance of hyperconjugation and rehybridization[J]. Journal of the American Chemical Society,2003,125(19):5973-5987.

[293] 陈辉,尤静林,蒋国昌,等.硅酸盐溶体高温 Raman 光谱定量分析中若干问题的探讨[J].光散射学报,2004,16(2):99-102.

[294] 俞宗鑫.KNO_3-$NaNO_2$-$NaNO_3$ 体系熔盐结构的 Raman 光谱研究[D].杭州:浙江理工大学,2014.

[295] 陈慧,王学江,杨茂.十八烷基氨甲基芦丁常规水浴合成与微波合成的比较[J].四川大学学报:工程科学版,2013,45(5):172-176.

[296] 李铁,沈国柱,徐政.水浴加热水解和微波加热水解法合成不同形貌的 ZnO 亚纳米粒子[J].硅酸盐学报,2005,33(9):1142-1144.

[297] HUANG K M,YANG X Q. Experimental study on growth of calcium sulphate under irradiation of microwave[C]//Ampere 10th conference,Italy, 2005,374-378.

[298] RODRLGUEZ-LOPEZ J N, FENOLL L G, TUDELA J, et al. Thermal inactivation of mushroom polyphenoloxidase employing 2450MHz microwave radiation[J]. Journal of Agricultural and Food Chemistry, 1999, 47(8): 3028-3035.

[299] 王长春,林向阳,巫春宁.水浴提取、超声波和微波辅助提取枇杷叶中熊果酸的比较研究[J].食品安全质量检测学报,2013,4(2):563-568.

[300] 金钦汉,戴树珊,黄卡玛. 微波化学[M]. 北京:科学出版社,1999:10-12.
[301] 李媛,李久生. 电磁场与微波技术[M]. 北京:北京邮电出版社,2010:6-8.
[302] 王陆瑶,孟东,李璐. "热效应"或"非热效应"—微波加热反应机理探讨[J]. 化学通报,2013,76(8):698-70.